▶ 本书内容主要基于 2023 年度国家知识产权局学术委员会专利分析普及推广项目
"面向先进制程的半导体量检测关键技术专利分析研究"（FX202302）

专利视角下的
半导体量检测关键技术

国家知识产权局专利局专利审查协作江苏中心◎组织编写

知识产权出版社
全国百佳图书出版单位
—北京—

图书在版编目（CIP）数据

专利视角下的半导体量检测关键技术/国家知识产权局专利局专利审查协作江苏中心组织编写. —北京：知识产权出版社，2024.9. —ISBN 978 – 7 – 5130 – 9496 – 2

Ⅰ. G306

中国国家版本馆 CIP 数据核字第 2024920TC4 号

内容提要

本书创新性地开展"双线联动"和"双维定位"特色分析，重点研究了半导体产业关键核心技术的专利布局脉络和重点申请人布局情况，研究内容紧扣当下产业急需和未来发展趋势，不仅可以为现有科研工作提供有力的支撑，而且为未来的科研工作提供了有效的科研情报信息。本书是了解该行业技术发展现状并预测未来走向、帮助企业做好专利预警的必备工具书。

责任编辑：王瑞璞　　　　　　　　　　　　责任校对：谷　洋

封面设计：杨杨工作室·张冀　　　　　　　责任印制：孙婷婷

专利视角下的半导体量检测关键技术

国家知识产权局专利局专利审查协作江苏中心　　组织编写

出版发行：知识产权出版社 有限责任公司		网　　址：http：//www.ipph.cn	
社　　址：北京市海淀区气象路 50 号院		邮　　编：100081	
责编电话：010 – 82000860 转 8116		责编邮箱：wangruipu@ cnipr.com	
发行电话：010 – 82000860 转 8101/8102		发行传真：010 – 82000893/82005070/82000270	
印　　刷：北京建宏印刷有限公司		经　　销：新华书店、各大网上书店及相关专业书店	
开　　本：787mm×1092mm　1/16		印　　张：14.25	
版　　次：2024 年 9 月第 1 版		印　　次：2024 年 9 月第 1 次印刷	
字　　数：315 千字		定　　价：99.00 元	

ISBN 978 – 7 – 5130 – 9496 – 2

编 委 会

研究团队

一、编写单位

国家知识产权局专利局专利审查协作江苏中心

二、编写组组长：孙跃飞

三、编写组副组长：张晓琳

四、编写组成员：
王鹏飞　张　虹　卢振宇　赵　辉　孙汝杰

苏治平　于　俊　仇晶晶　代智华

五、编写组分工

张晓琳：主要执笔第 1 章、第 2 章、第 8 章

王鹏飞：主要执笔第 3 章第 3.1.1 ~ 3.1.2 节、第 3.1.3.1 ~ 3.1.3.2 节，第 5 章第 5.1.4.4 节，第 6 章第 6.1 节

卢振宇：主要执笔第 3 章第 3.1.3.3 节

张　虹：主要执笔第 3 章第 3.1.4 节，第 4 章第 4.1.5 节，第 5 章第 5.1.3 节、第 5.1.4.3 节、第 5.2 节

赵　辉：主要执笔第 3 章第 3.2 节、第 5 章第 5.3 节

苏治平：主要执笔第 4 章第 4.1.1 ~ 4.1.3 节

代智华：主要执笔第 4 章第 4.1.4 节、第 4.2 节，第 6 章第 6.2 节

仇晶晶：主要执笔第 5 章第 5.1.1~5.1.2 节、第 5.1.4.2 节

孙汝杰：主要执笔第 5 章第 5.1.4.1 节

于　俊：主要执笔第 5 章第 5.1.5~5.1.6 节、第 7 章

六、指导专家

徐国亮

目　录

第 1 章　研究概述

近年来，受国际形势影响，我国半导体供应链和产业链面临严重挑战。2020 年中央经济工作会议指出，针对我国产业薄弱环节，实施好关键核心技术攻关工程，尽快解决一批"卡脖子"问题。2021 年发布的《中华人民共和国国民经济和社会发展第十四个五年规划和 2035 年远景目标纲要》指出，坚持创新驱动发展战略，将"集成电路"列为事关国家安全和发展全局的基础核心领域，其中，将集成电路设计工具、重点装备以及集成电路先进工艺等突破作为加强原创性、引领性科技攻关的重点任务。2021 年国务院颁发了《计量发展规划（2021—2035 年）》，旨在攻克高端计量测试设备核心关键部件和技术。2023 年国务院颁发《质量强国建设纲要》，对计量测试等产业技术基础能力建设予以扶持。

本书的研究对象是面向先进制程的半导体量检测技术，应用于半导体制造过程控制。量检测技术贯穿于芯片制造全程，量检测设备会应用到晶圆生产的每一道制程工艺，作为半导体晶圆制造的"眼睛"，对晶圆制造良率控制和提升起到至关重要的作用，是保证芯片生产良品率的关键。进入 21 世纪，特别是 2018 年之后，美国、日本等国家对我国量检测相关技术以及设备进口进行管控，以限制我国先进半导体制程技术的发展，而我国量检测设备的国产化率低于 10%，严重依赖国外厂商，存在着"卡脖子"问题。因此，发展我国自主知识产权的半导体制造技术，实现关键"卡脖子"设备的国产替代，是实现经济高质量发展和塑造国际竞争新优势的必然选择。

此外，随着制程越来越先进、工艺环节不断增加，行业发展对工艺控制水平提出了更高的要求，制造过程中对量检测设备的需求量也倍增。因此，发展量检测技术也是发展面向先进制程半导体器件的核心需求，量检测技术产业也是与光刻机同等重要的半导体关键产业。

本书聚焦于量检测技术，全面梳理量检测技术相关的专利申请情况，通过对专利数据的深入分析，结合产业发展状况，了解量检测技术的整体以及各个技术分支的发展趋势；梳理面向先进制程的技术分支的技术发展路线，对技术进行解析，把握行业研究的热点；并且对筛选出的国内外重点申请人进行分析，了解其专利布局策略、研发方向等，为我国量检测技术的发展提供高质量的技术信息，为国内企业在选择发展线路、确定发展方向、开展人才引进与技术合作、规避知识产权风险等方面提供有益的参考，为我国量检测产业突破提供有价值的专利情报。

1.1 产业概况

1.1.1 半导体产业简介

半导体是指常温下导电性能介于导体与绝缘体之间的材料。半导体是现代信息社会的基石,几乎所有的信息处理都离不开半导体产品的支持。半导体产业链按照主要生产过程进行划分,可分为上游半导体支撑产业、中游半导体制造产业、下游半导体应用产业,如图1-1-1所示。

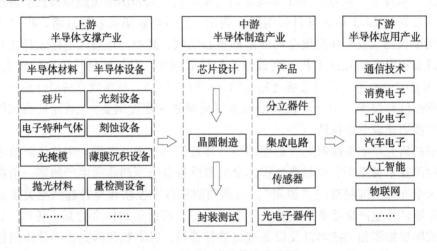

图1-1-1 半导体产业链图

半导体设备是指用于生产各类半导体产品所需的生产设备,其地位至关重要,属于半导体支撑产业。量检测设备与光刻设备、刻蚀设备、薄膜沉积设备并属半导体核心设备。

包含芯片技术的半导体技术目前已经成为国际竞争的重点领域,而随着科技的不断进步,为了满足市场需求,半导体技术迈入了先进制程(28nm以下)阶段。这使得芯片制造结构复杂化,量检测技术及其相关设备的重要性日益凸显。量检测设备就是用于对每一步工艺过程的质量进行测量或者检查,以保证工艺符合预设的指标,是芯片制造的"眼睛""尺子",其先进性直接影响到下游客户的产品质量和生产效率。

1.1.2 全球量检测设备行业概况

1.1.2.1 市场规模

从全球半导体量检测设备市场规模来看,随着半导体下游通信技术、消费电子等需求于2020—2022年市场回暖,尤其是2021年明显增长,量检测设备全球市场空间持续扩张。如图1-1-2所示,2022年全球量检测设备市场规模约108亿美元,2016—2022年全球半导体量检测设备市场规模的年均复合增长率为14.6%,量检测设备的市场规模总体处于上升趋势。

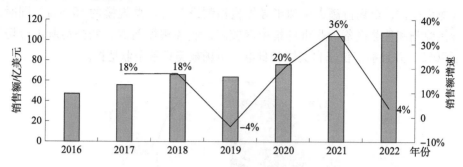

图 1 - 1 - 2　2016—2022 年全球半导体量检测设备销售额及其增速

1.1.2.2　细分市场

半导体量检测设备行业的特点是"类型多，产品精"，每个环节所涉及的设备均具备较高的技术壁垒。表 1 - 1 - 1 示出了检测量测设备品类细分市场。

表 1 - 1 - 1　检测量测设备品类细分市场

设备种类	设备类型	占全球总销售额比例（%）
检测设备 （62.6%）	图形晶圆缺陷检测设备	31.0
	掩模板缺陷检测设备	11.3
	电子束缺陷检测设备	10.6
	无图形晶圆缺陷检测设备	9.7
量测设备 （33.5%）	关键尺寸量测设备	18.3
	套刻误差量测设备	7.3
	薄膜膜厚量测设备	3.5
	X 光量测设备	2.2
	掩模板关键尺寸量测设备	1.3
	三维形貌量测设备	0.9
其他（3.9%）	其他	3.9
覆盖度		100

检测设备主要包括图形晶圆缺陷检测设备（可细分为微米级和纳米级）、掩模板缺陷检测设备、无图形晶圆缺陷检测设备等；量测设备主要包括关键尺寸量测设备、套刻误差量测设备、薄膜膜厚量测设备等。

1.1.2.3　竞争格局

在市场竞争方面，如图 1 - 1 - 3 所示，全球半导体量检测设备行业呈现出高度垄断的市场格局，主要企业包括科磊、日立、雷泰光电、阿斯麦等，呈现"一超多强"

单寡头格局，量测检测设备市场规模稳步提升。其中，科磊半导体一家独大，牢牢占据行业龙头地位，市场份额占全球半导体量检测设备行业总规模的 50.8%。同时，全球半导体检测和量测设备行业市场集中度较高，业务规模前四名的公司所占市场份额超过了 70%，并且前三位来自美国和日本，市场被美日系企业把控。

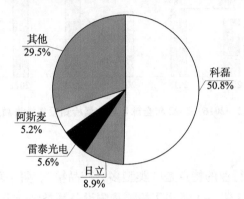

图 1 - 1 - 3　全球半导体量检测设备行业市场格局

1.1.3　中国量检测设备行业概况

1.1.3.1　市场规模

如图 1 - 1 - 4 所示，2022 年中国量检测设备市场规模约为 32 亿美元，约占全球量检测设备市场份额的 29.6%。2016—2022 年中国半导体量检测设备市场规模的年均复合增长率为 28.8%，显著高于同期全球年均复合增长率 14.6%。随着中国晶圆厂建设规模的持续扩大，量检测设备市场需求有望快速增长。

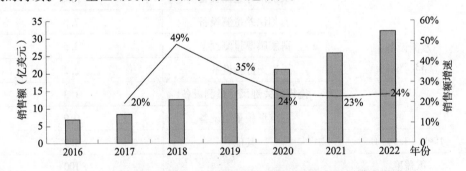

图 1 - 1 - 4　2016—2022 年中国半导体量检测设备市场规模及增速

1.1.3.2　竞争格局

在市场竞争方面，由于国外知名企业凭借着规模大、产品线覆盖广度高、品牌认可度高等优势，占据我国主要市场份额，国产企业推广难度较大，我国半导体检测与量测设备行业国产化率较低。国内头部厂商深圳中科飞测科技股份有限公司（以下简称"中科飞测"）、上海精测半导体技术有限公司（以下简称"上海精测"）、睿励科学仪器（上海）有限公司（以下简称"睿励科学仪器"）在国内量检测设备市场份额分别仅为2.3%、0.84%、0.36%，合计市场份额不足4%。中国市场主要由几家垄断全球市场的国外企业占据主导地位，其中科磊在中国市场的占比仍然最高，领先于所有其他国内外量测和检测设备公司，并且得益于中国市场规模近年来的高速增长。根据VLSI Research 的统计，科磊半导体市场份额最高达54.8%，如图1-1-5所示。

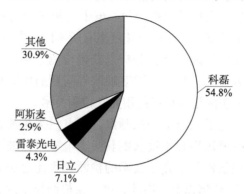

图1-1-5　中国半导体量检测设备行业市场格局

1.1.3.3　国内量检测发展情况

受益于国内半导体产业链的快速发展和产业链安全关注的提升，国内厂商国产化市场空间有效扩容。我国半导体产业产能扩张仍在继续，本土企业将受益于中国半导体行业的整体发展。2016—2022 年中国半导体量检测设备市场规模的年均复合增长率为28.8%，现处于高速发展阶段。

中科飞测、上海御微半导体技术有限公司（以下简称"御微半导体"）等设备公司成为国内量检测公司的代表，部分产品运用于国内晶圆产线。经过多年潜心研究和技术经验积累，我国量检测设备行业实现较大突破，部分产品已经应用于中芯国际、长江存储等国内主流集成电路制造产线，打破了在质量控制设备领域国际设备厂商对国内市场的长期垄断局面。

中科飞测的产品线已覆盖的检测设备包括无图形晶圆缺陷检测设备、有图形晶圆缺陷检测设备，已覆盖的量测设备包括三维形貌量测设备、薄膜膜厚量测设备、3D曲面玻璃测量设备，并向纳米图形晶圆缺陷检测、套刻误差量测、关键尺寸量测、晶圆金属薄膜量测设备领域拓展。截止到2023 年7 月，除纳米图形晶圆缺陷检测设备尚处于设计阶段外，其余三类产品已处于产业化验证阶段。

御微半导体主要聚焦于集成电路光学量检测系统设计与系统集成，围绕集成电路装备自主化，已经形成了掩模板检测、晶圆检测、泛半导体检测、晶圆量测四大领域六大类量检测产品，生产出国内首台集成电路掩模板缺陷检测设备，取得全球半导体协会 SEMIS2 认证。

1.1.4　量检测技术发展概况

从工艺上看，量检测技术可细分为量测（Metrology）和检测（Inspection）两大环节。量测是指对被观测晶圆电路上的结构尺寸和材料特性作出的量化描述，如薄膜厚度、关键尺寸、刻蚀深度、表面形貌等物理性参数的量测；检测是指在晶圆表面上或电路结构中，检测其是否出现异质情况，如颗粒污染、表面划伤、开短路等对芯片工艺性能具有不良影响的特征性结构缺陷。

从技术原理上看，量检测技术包括光学、电子束和 X 光等技术。三种技术均可用于量测和检测，但在应用场景、精度以及速度上有所不同，参见表 1-1-2。光学技术基于光学原理，通过对光信号进行计算分析以获得检测结果。在生产过程中，光学技术应用范围广阔，晶圆表面杂质颗粒、图案缺陷等问题的检测和晶圆薄膜厚度、关键尺寸、套刻误差、表面形貌的量测均可使用光学检测技术。

电子束技术通过聚焦电子束至某一探测点，逐点扫描晶圆表面产生图像以获得检测结果。光与电子束的主要区别在于波长的长短，电子束的波长远短于光的波长，检测精度相对高，但在相同条件下，光学技术的检测速度比电子束检测技术快，速度可以较电子束检测技术快 1000 倍以上。因此，电子束检测技术的相对低速度导致其应用场景主要在对吞吐量要求较低的环节，如纳米量级尺度缺陷的复查、部分关键区域的表面尺度量测以及部分关键区域的抽检等。

X 光技术基于 X 光的穿透力强及无损伤特性进行特定场景的量测，具有穿透性强、无损伤的特点，与光学相比，X 光的波长更短，检测精度也更高；但是 X 光的应用场景受限较多，在特定应用场景的检测具有优势，主要用于特定金属成分测量和超薄膜测量等场景。

表 1-1-2　不同技术应用情况以及优劣势

技术名称	光学类	电子束类	X 光类
市场占比（%）	75.2	18.7	2.2
先进制程工艺应用情况	符合规模化生成速度要求，应用场景广泛	一部分应用于研发，一部分在部分关键区域抽检或尺寸量测	主要应用于特定的场景，如检测超薄膜厚度和特定金属成分等
优劣势	速度比电子束快、精度较高、无损伤，但精度对比电子束检测有劣势	精度比光学检测技术高，但速度相对较慢	穿透性强，无损伤，但速度相对较慢

结合三类技术路线的特点，应用光学技术的设备可以相对较好实现高精度和高速度的均衡。且在量检测设备市场中，应用光学技术、电子束技术及 X 光技术的设备市场份额占比分别为 75.2%、18.7%、2.2%，应用光学技术的设备占比具有领先优势。

在量测环节，集成电路制造和先进封装环节中的量测主要包括关键尺寸量测、套刻误差量测、三维形貌量测、薄膜膜厚量测等，具体分类和技术原理参见表 1-1-3。

表 1 –1 –3　量测技术

分类	技术原理	图　示
关键尺寸量测	关键尺寸量测技术通过测量从晶圆表面反射的宽光谱光束的光强、偏振等参数,来测量光刻胶曝光显影、刻蚀和化学机械研磨（CMP）等工艺后的晶圆电路图形的线宽、高度和侧壁角度,从而提高工艺的稳定性	
套刻误差量测	套刻误差量测通过对晶圆表面特征图案进行高分辨率成像和细微差别的分析,用于电路制作中不同层之间图案对图案对齐的误差测量,并将数据反馈给光刻机,帮助光刻机优化不同层之间的光刻图案对齐误差,从而避免工艺中可能出现的问题	
三维形貌量测	三维形貌量测通过宽光谱大视野的相干性测量技术,得到晶圆级别、芯片级别和关键区域电路图形的高精度三维形貌,从而测量晶圆表面的粗糙度、电路特征图案的高度均匀性等参数,从而对晶圆的良品率进行保证	
薄膜膜厚量测	在前道制程中,需在晶圆表面覆盖包括金属、绝缘体、多晶硅、氮化硅等多种材质在内的多层薄膜,薄膜厚度量测环节通过精准测量每一层薄膜的厚度、折射率和反射率,并进一步分析晶圆表面薄膜膜厚的均匀性分布,从而保证晶圆的高良品率	

在检测环节，应用场景可进一步分为晶圆缺陷检测和掩模板缺陷检测，其中晶圆缺陷检测还可进一步细分为无图形晶圆缺陷检测和图形晶圆缺陷检测，检测技术在检测环节的具体应用情况如表1-1-4所示。表1-1-4将晶圆缺陷检测进一步细分为无图形晶圆缺陷检测和图形晶圆缺陷检测，仅是为了更细致的展示，本书研究中对晶圆缺陷检测不作进一步细分。

表1-1-4　检测技术

分类	技术原理	图示
无图形晶圆缺陷检测	通过将单波长光束照明到晶圆表面，利用大采集角度的光学系统，收集在高速移动中的晶圆表面上存在的缺陷散射光信号。通过多维度的光学模式和多通道的信号采集，实时识别晶圆表面缺陷、判别缺陷的种类，并报告缺陷的位置	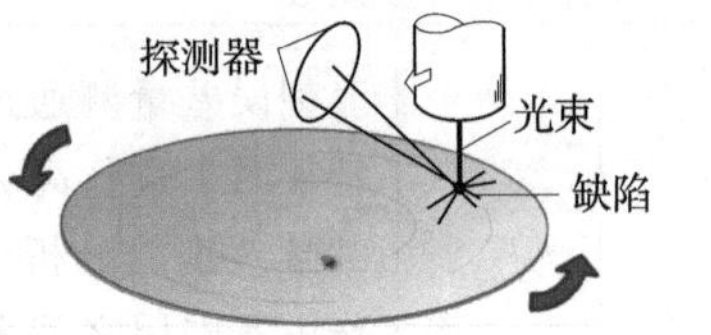
图形晶圆缺陷检测	通过从深紫外到可见光波段的宽光谱照明或者深紫外单波长高功率的激光照明，以高分辨率大成像视野的光学明场或暗场的成像方法，获取晶圆表面电路的图案图像，实时地进行电路图案的对准、降噪和分析，以及缺陷的识别和分类，实现晶圆表面图形缺陷的捕捉	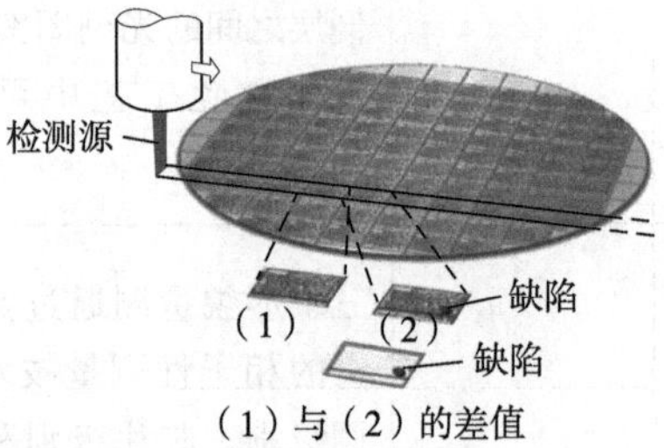
掩模板缺陷检测	针对光刻所用的掩模板，通过宽光谱照明或者深紫外激光照明，以高分辨率大成像口径的光学成像方法，获取光刻掩模板上的图案图像，以很高的缺陷捕获率实现缺陷的识别和判定	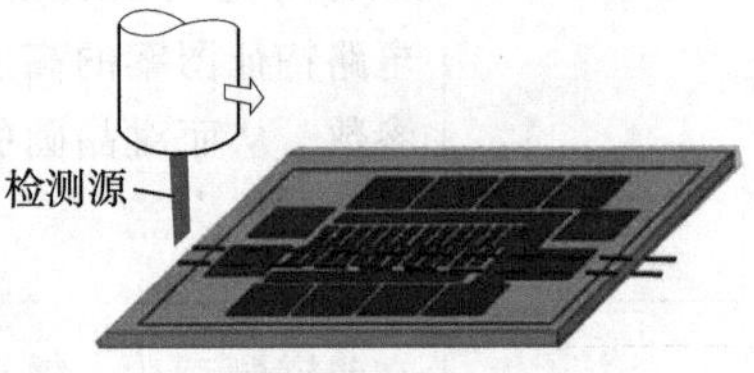

随着集成电路器件物理尺度的缩小，需要检测的缺陷尺度和量测的物理尺度也在不断缩小；随着集成电路器件逐渐向三维结构发展，对于缺陷检测和尺度量测的要求也从二维平面的检测逐渐拓展到三维空间的检测，如图1-1-6所示。为满足量检测技术高速度、高灵敏度、高准确度、高重复性、高性价比的发展趋势和要求，在光学领域，行业内进行了许多技术改进，例如增强照明的光强、光谱范围延展至极紫外（EUV）波段、提高光学系统的数值孔径、增加照明和采集的光学模式、扩大光学算法及光学仿真在检测和量测领域的应用等。未来随着集成电路制造技术的不断提升，相应的检测和量测技术水平也将持续提高。

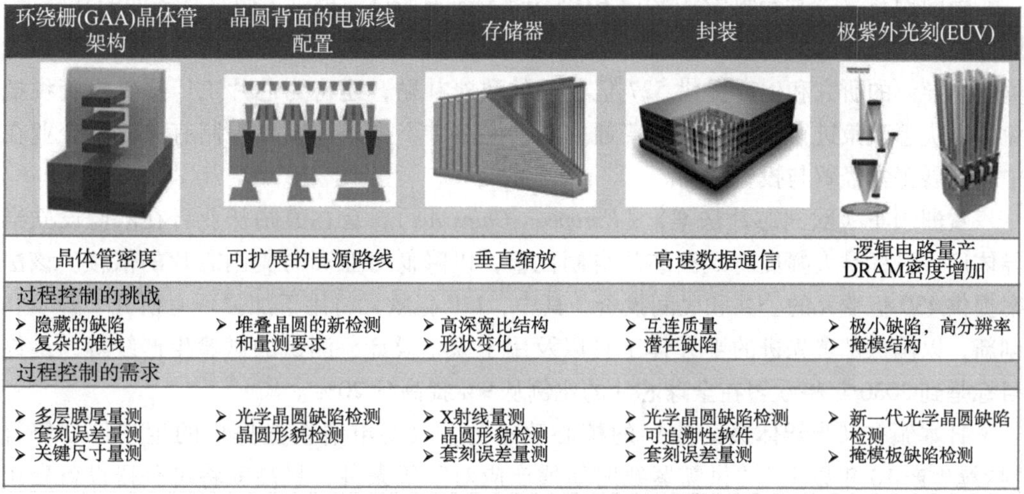

环绕栅(GAA)晶体管架构	晶圆背面的电源线配置	存储器	封装	极紫外光刻(EUV)
晶体管密度	可扩展的电源路线	垂直缩放	高速数据通信	逻辑电路量产 DRAM密度增加
过程控制的挑战				
➤ 隐藏的缺陷 ➤ 复杂的堆栈	➤ 堆叠晶圆的新检测和量测要求	➤ 高深宽比结构 ➤ 形状变化	➤ 互连质量 ➤ 潜在缺陷	➤ 极小缺陷，高分辨率 ➤ 掩模结构
过程控制的需求				
➤ 多层膜厚量测 ➤ 套刻误差量测 ➤ 关键尺寸量测	➤ 光学晶圆缺陷检测 ➤ 晶圆形貌检测	➤ X射线量测 ➤ 晶圆形貌检测 ➤ 套刻误差量测	➤ 光学晶圆缺陷检测 ➤ 可追溯性软件 ➤ 套刻误差量测	➤ 新一代光学晶圆缺陷检测 ➤ 掩模板缺陷检测

图 1-1-6 集成电路器件向先进制程、复杂结构发展

1.2 政策背景

1.2.1 全球主要国家和地区产业规划和政策

近年来全球主要国家和地区陆续出台了一系列政策，以规范、引导、鼓励半导体行业的发展。从国际来看，近期出台的与半导体行业相关的政策众多，包括欧盟、美国、日本、荷兰、韩国等国家和地区都颁布了一些比较有力度的政策，以扶持本国和地区半导体行业的发展。表1-2-1展示了主要国家和地区半导体产业政策。

表 1-2-1 主要国家和地区半导体产业政策

国家/地区	美 国	欧 盟	日 本	韩 国
落地时间	2022.8	2023.7	2023.3	2021.5
政策名称	芯片与科学法	欧洲芯片法案	半导体援助法	K半导体战略
内容	对芯片生产和研发进行补贴，支持先进和成熟制程芯片、材料及设备生产和研发；限制对华贸易、投资	投资芯片行业430亿欧元的公共和私有资金，目标是使欧盟在全球芯片市场的市场占有率在2030年达到20%	投入7740亿日元特别预算，用于资助高端芯片、模拟芯片，及其他芯片和电源管理组件	对新芯片工厂免税20%，对半导体行业的投资将在2030年前达到510万亿韩元

全球的半导体政策主要围绕"强化自身供应链""加强研发力度""遏制新兴势力"三条主线。

美国颁布《芯片与科学法》（*CHIPS and Science Act*），提供了数百亿美元的新资金，以促进美国半导体的研究和制造。涉及两大部分：一是芯片，二是科学。该法案将为美国半导体的研究和生产提供 527 亿美元的政府补贴，还将为芯片工厂提供投资税抵免。以优惠政策进行招商引资的普通立法，但其中不少条款明确限制有关芯片企业在中国开展正常经贸与投资活动。

欧洲颁布《欧洲芯片法案》（*European Chips Act*），旨在鼓励从业者在欧盟设立半导体厂，目标是大幅提高欧洲芯片自制比重，以降低对亚洲与美国芯片的依赖。该法案提供 430 亿欧元的公共和民间投资，其中，110 亿欧元将用于加强现有研究、开发和创新，以确保部署先进的半导体工具以及用于原型设计、测试的试验生产线等，最终目标是到 2030 年将欧盟在全球芯片的比例从 9% 提高到 20%。

日本颁布《半导体援助法》的核心政策为，只要申请企业提出的生产计划符合"持续生产 10 年以上""供需紧绷时能增产应对"等条件，最高就将可获得设备费用"半额"的补助金。

韩国推出《K 半导体战略》计划对研发和设施投资将分别减免 40%—50% 和 10%—20% 的税金。在 2021 年下半年至 2024 年，将对从事半导体等"关键战略技术"的大型企业的资本支出税收优惠从 2021 年的 3% 提高到 6%。长期目标是到 2030 年成为综合半导体强国，主导全球供应链。

在半导体设备方面，近年来美国为维护自身经济和技术优势，秉持"强化"与"遏制"并举的半导体产业政策，在促进产业回流美国的同时不断泛化国家安全概念，滥用出口管制措施，以限制中国先进半导体制程技术的发展。美国商务部工业与安全局（BIS）于 2022 年 10 月 7 日发布了《向中国出口先进计算和半导体制造物项的管控措施》，以限制中国获得先进计算芯片、开发和维护超级计算机以及制造先进半导体的能力。对于美国的"遏制"策略，日本和荷兰积极响应跟随。受此限制，包括中芯国际、华虹、华润微等在内的代工企业和 IDM 企业都将受到不同程度的影响。

表 1-2-2　主要国家出口管制措施

出口管制措施	简　介	内　容
美国《向中国出口先进计算和半导体制造物项的管控措施》	限制中国企业获取高性能芯片和先进计算机	将某些先进和高性能计算芯片及含有此类芯片的计算机商品加入《商业管制清单》（CCL）
		对运至中国的最终用途为超级计算机或半导体开发或生产的物项增加新的许可证要求
		将《出口管理条例》（EAR）的适用范围扩大至某些外国生产的先进计算物项及外国生产的最终用途为超级计算机的物项

出口管制措施	简　介	内　容
美国 《向中国出口先进计算和半导体制造物项的管控措施》	限制中国获取先进半导体制造物项与设备	将某些半导体制造设备和相关物项加入《商业管制清单》，涵盖 14nm 先进制程下晶圆抛光、光刻、化学刻蚀、薄膜沉积等全流程的设备，出口到中国需要申请许可证
		对非平面晶体管结构 16nm 或 14nm 或以下（即 FinFET 或 GAA FET）的逻辑芯片、半间距 18nm 或以下的 DRAM 存储芯片、128 层或以上的 NAND 闪存芯片，增加新的许可证要求
	限制美国人为涉及中国的特定半导体活动提供支持	美国籍、美国绿卡、美国法律下的法人甚至身处美国的个人/公司都被禁止从事中国境内的先进芯片相关工作
	新增 UVL（未经核实清单）名单	新增 31 家中国实体公司、研究机构列入 UVL 名单
日本 《关于根据出口贸易管制令附表 1 和外汇令附表确定货物或技术的部令》	对用于芯片制造的六大类 23 项先进芯片制造设备追加出口管限	清单中包括制造芯片所需的极紫外（EUV）设备 23 项，包括：3 项清洗设备、11 项薄膜沉积设备、1 项热处理设备、4 项光刻/曝光设备、3 项刻蚀设备、1 项检测设备
荷兰 《有关先进半导体设备的额外出口管制的新条例》	对特定的先进半导体制造设备，包括薄膜生产、光刻设备、沉积设备以及生产先进半导体制造设备所需的工艺及材料	光罩保护膜及光罩生产设备
		光刻机：EUV 和 2000i 以上浸没式光刻机受限
		ALD 设备：部分 ALD 设备受限（沉积 Al 前驱体、TiAlC 和功函数高于 4.0eV 的金属设备）
		外延（Epi）设备：具备特定参数的用于生长硅、碳掺杂硅、硅锗或碳掺杂硅锗的设备外延设备
		沉积设备：部分等离子体 low – k 沉积设备（介电常数低于 3.3、金属线之间深高比 ≥ 1∶1、宽度小于 25nm）

1.2.2　中国产业规划和政策

近年来，国内半导体设备发展增速明显，相关企业核心竞争力也得到了提升，然而在与发展了几十年、拥有尖端技术和市场的国外知名半导体设备厂商竞争时，还是存在很多不足。要想进一步提升国产半导体设备竞争力，还需投入更多的资金和人力。国家给予了高度重视和大力支持，出台了一系列鼓励扶持政策。相关政策和法规为半导体及其专用设备制造行业发展提供了财政、税收、技术和人才等多方面的有力支持。

《国家中长期科学和技术发展规划纲要（2006—2020年）》确定了16个重大专项。国家科技重大专项是为了实现国家目标，通过核心技术突破和资源集成，在一定时限内完成的重大战略产品、关键共性技术和重大工程。

国家科技重大专项"02专项"，即"极大规模集成电路制造装备及成套工艺"，因排在国家重大专项所列16个重大专项第二位，故在业内被称为"02专项"。"02专项"在"十二五"期间重点实施的内容和目标分别是：重点进行45—22纳米关键制造装备攻关，开发32—22纳米互补金属氧化物半导体（CMOS）工艺、90—65纳米特色工艺，开展22—14纳米前瞻性研究，形成65—45纳米装备、材料、工艺配套能力及集成电路制造产业链，进一步缩小与世界先进水平差距，装备和材料占国内市场的份额分别达到10%和20%，开拓国际市场。

"02专项"的实施，对国内半导体设备企业来说意义重大。因为半导体设备的研发需要巨额资金，"02专项"的实施，不仅表明了国家支持半导体行业的决心，而且更是在资金上给予了国内企业极其有力的支持。"02专项"培育了一批国产半导体设备领军者，例如，上海微电子装备（集团）股份有限公司（以下简称"上海微电子装备"）、中微半导体设备有限公司（以下简称"中微半导体"）等。

国家大基金，全称国家集成电路产业投资基金股份有限公司，是中华人民共和国在半导体行业的产业投资基金，成立于2014年9月26日，用于在半导体设备领域的投资，极大帮助了国内半导体设备产业的发展。目前大基金投资的半导体设备企业有中微半导体、沈阳拓荆科技有限公司、睿励科学仪器等。大基金的成立同时撬动了一批地方产业基金，主要用于支持地方集成电路企业的发展。

国家在"十三五"规划中多次提及集成电路产业发展的重要性，强调要着力补齐核心技术短板，加快科技创新成果向现实生产力转化，攻克集成电路装备等关键核心技术；而在"十四五"规划中则进一步强调了发展集成电路产业对强化国家战略科技力量的意义。国家在顶层设计上推动半导体集成电路行业发展，半导体设备，尤其是半导体量测设备的突围与"弯道超车"成为解决"卡脖子"问题的关键之一。

诸多法规、政策的发布和落实，为半导体设备行业提供了财政、税收、技术和人才等多方面的支持，为行业内企业创造了良好的经营环境，促进了我国半导体设备行业的发展，详见表1-2-3。

表1-2-3　国内历年主要政策汇总

时间	颁布部门	法规及政策名称	相关内容
2023.2	中共中央、国务院	质量强国建设纲要	支持计量测试等产业技术基础能力建设，加快产业基础高级化进程

时间	颁布部门	法规及政策名称	相关内容
2022.3	国家发展改革委、工业和信息化部、财政部、海关总署、国家税务总局	关于做好 2022 年享受税收优惠政策的集成电路企业或项目、软件企业清单制定工作有关要求的通知	重点集成电路设计领域和重点软件领域
2021.12	国务院	计量发展规划（2021—2035 年）	加强高精度、集成化、微型化、智能化的新型传感技术研究，攻克高端计量测试仪器设备核心关键部件和技术
2021.12	中央网络安全和信息化委员会	"十四五"国家信息化规划	完成信息领域核心技术突破，加快集成电路关键技术攻关。推动计算芯片、存储芯片等创新，加快集成电路设计工具、重点装备和高纯靶材等关键材料研发，推动绝缘栅双极型晶体管、微机电系统等特色工艺突破
2021.6	工业和信息化部、科技部、财政部、商务部、国资委、证监会	关于加快培育发展制造业优质企业的指导意见	明确依托优质企业组建创新联合体或技术创新战略联盟，开展协同创新，加大基础零部件、基础电子元器件、基础软件、基础材料、基础工艺、高端仪器设备、集成电路、网络安全等领域关键核心技术、产品、装备攻关和示范应用
2021.3	全国人民代表大会	中华人民共和国国民经济和社会发展第十四个五年规划和 2035 年远景目标纲要	培育先进制造业集群，推动集成电路、航空航天、船舶与海洋工程装备、机器人、先进轨道交通装备、先进电力装备、工程机械、高端数控机床、医药及医疗设备等产业创新发展

时间	颁布部门	法规及政策名称	相关内容
2020.7	国务院	新时期促进集成电路产业和软件产业高质量发展的若干政策	集成电路产业和软件产业是信息产业的核心,是引领新一轮科技革命和产业变革的关键力量。国务院从财税优惠、支持投融资、保护知识产权等八大方面提出了37条政策措施支持集成电路产业和软件产业的发展
2018.3	财政部、国家税务总局、国家发展改革委、工业和信息化部	关于集成电路生产企业有关企业所得税政策问题的通知	集成电路相关企业根据对应政策要求可享受十免政策、五免五减半、两免三减半等政策

1.3 研究必要性及研究目标

1.3.1 研究必要性

从技术发展看,先进制程对于配套量检测技术的需求与日俱增。量检测技术是半导体器件成品良率的关键保障,2010年至今,主流半导体工艺制程已从28nm、14nm、10nm逐步向7nm、5nm发展,部分先进半导体制造厂商正在开发3nm工艺。与上述工艺节点的发展相对应,鳍式场效应晶体管(FinFET)、环绕栅极场效应晶体管(GAA)、3D NAND等结构逐渐成为主流技术。这些三维堆叠、高深宽比的复杂结构使得半导体量检测技术在保障成品良率方面面临巨大的挑战,开发面向先进制程的量检测技术成为半导体产业发展的必然要求。

从行业现状看,国外厂商对先进制程中的量检测技术形成垄断。国外企业在量检测领域已经深耕数十年,而国内企业近十年才开始涉足量检测领域,两者在技术积淀和市场积累方面都存在极大差距。也正因此,作为半导体四大核心设备之一的量检测设备,其国产化率是仅次于光刻机的国产化率较低的设备细分领域,尚不足10%;国内量检测领域的市场份额主要被科磊、日立、阿斯麦等美日欧企业占据,其中仅科磊一家在国内的市场占有率就接近55%;而以中科飞测、御微半导体等为代表的国内厂商的整体市场占有率不足4%。

从国外政策看,以美国为首的西方对华打压持续升级。2022年8月,美国总统拜登签署《芯片与科学法》,在为美国半导体的研究和生产提供政府补贴的同时,对受补贴企业在中国新建或扩建先进制程芯片厂作出限制;10月,美商务部产业与安全局对《出口管理条例》进行调整,新出台了针对半导体制造的"一揽子"出口管制规定,将先进制程半导体制造设备加入《商业管制清单》；10 月，美国发布《2022 年国家安全战略》，对涉及量检测关键技术的科磊、应用材料、泛林集团等公司下达出口禁令，进一步打压中国的半导体产业。日本、荷兰等国家也出台了相应的对华限制措施。

从国内政策看，党和国家对"卡脖子"技术的政策扶持力度空前。在国外技术壁垒、行业垄断和政策打压的多重制约下，半导体量检测技术成为国家半导体产业急需突破的"卡脖子"技术。2021 年 3 月，国家"十四五"规划中坚持创新驱动发展战略，将"集成电路"列为事关国家安全和发展全局的基础核心领域；2021 年 12 月，国务院颁发了《计量发展规划（2021—2035 年）》，旨在攻克高端计量测试设备核心关键部件和技术；2023 年 2 月，中共中央、国务院颁发《质量强国建设纲要》，对计量测试等产业技术基础能力建设予以扶持。

为积极响应落实国家宏观政策，应对当前技术壁垒、行业垄断和政策打压等严峻形势，有必要对量检测，尤其是面向先进制程的量检测关键技术开展专利分析研究。

1.3.2 研究目标

为应对当前技术壁垒、行业垄断和政策打压等严峻形势，我们在充分调研、深入了解国内创新主体实际需求的基础上，确定本书的总体目标。

（1）摸清现状

① 摸清全球"量检测技术"的发展趋势、重要技术分支、重点申请人、重要产品、产业政策等信息；

② 摸清国内"量检测技术"的发展趋势、重点申请人、重要产品等信息；

③ 摸清重点技术分支的核心专利、技术路线和专利布局情况。

（2）识别风险

① 识别并判断技术研发和专利布局的风险点；

② 掌握国外重点申请人的专利布局情况；

③ 研究国外重点申请人的专利布局策略。

（3）寻求突破

① 寻找领域核心技术，为国内产业实施跟随战术提供指引；

② 研究现有技术布局中的技术空白点，为研发和布局提供方向；

③ 研究领域核心技术之外的可替代性技术。

1.3.3 研究边界

先进制程。结合前期产业调研和专家座谈，明确逻辑器件的先进制程为 28nm 及以下工艺，存储器件 NAND flash 的先进制程为 128 层及以上工艺，存储器件 DRAM 的先进制程为 18nm 及以下工艺。同时，在相关工艺节点之外，还重点关注了 FinFET、GAA 以及先进封装等先进制程工艺。

量检测。重点研究先进制程量检测技术，包括小角 X 射线散射量测（CD – SAXS）、基于衍射的套刻误差量测（DBO）、EUV 掩模板缺陷检测、散射法晶圆缺陷检测四个重点技术分支，同时对国外重点申请人科磊、日立、阿斯麦及国内重点申请人中科飞测、御微半导体等进行针对性的研究。

1.4 研究对象和方法

1.4.1 技术分解

通过前期资料搜集整理，初步对量检测技术按照应用场景进行了技术分解，共包括6个一级技术分支：（1）关键尺寸量测；（2）套刻误差量测；（3）掩模板缺陷检测；（4）晶圆缺陷检测；（5）薄膜厚度量测；（6）三维形貌量测。

在此基础上，通过产业和技术调研、行业专家咨询、课题组组会讨论，对上述一级技术分支进行了合理性论证，并对各技术分支进行了至多三级或四级的技术分解。进一步地，通过企业调研、与相关领域技术专家的座谈交流，结合课题组初步检索和筛选结果，最终确定了本书计划重点研究的如下四个重点技术分支：

（1）小角X射线散射量测（CD–SAXS，关键尺寸量测领域）；

（2）基于衍射的套刻误差量测（DBO，套刻误差量测领域）；

（3）EUV掩模板缺陷检测（掩模板缺陷检测领域）；

（4）散射法晶圆缺陷检测（晶圆缺陷检测领域）。

技术分解表如表1–4–1所示。

表1–4–1 技术分解表

一级分支	二级分支	三级分支	四级分支
半导体量检测技术 关键尺寸（CD）量测	基于光学量测（OCD）	检测系统	算法
			检测标记
			成像光路
			光谱散射仪
			角分辨散射仪
			系统集成
		纳米结构量测	
	基于小角X射线散射量测（CD–SAXS）	透射式	
		掠入射式	
		X射线光源	
		3D结构量测	3D逻辑器件量测
			3D存储器量测
	基于电子量测	3D逻辑器件量测	
		3D存储器量测	

续表

	一级分支	二级分支	三级分支	四级分支
半导体量检测技术	套刻误差（Overlay）量测	基于衍射（DBO）	基于模型的 DBO 技术	
			基于经验的 DBO 技术	
		基于图像（IBO）	先进成像计量标记	
			台机误差（TIS）	
	掩模板缺陷检测	EUV 掩模板缺陷	基于电子测量	
			基于光学测量	检测光源
				成像光路
				探测器
			算法	
			系统集成	
			其他	
		DUV 掩模板缺陷	基于电子测量	
			基于光学测量	检测光源
				成像光路
				探测器
			算法	
			系统集成	
			其他	
		普通掩模板缺陷		
	晶圆缺陷检测	干涉法	单色光相移	
			白光扫描	
		散射法	明场散射	检测光源
				成像光路
				探测器
				算法
			暗场散射	检测光源
				成像光路
				探测器
				算法
		其他	检测光源	
			成像光路	
			探测器	
			算法	
	薄膜厚度量测			
	三维形貌量测			

1.4.2 数据检索

在遵循"数据质量优先，兼顾检索效率"原则的基础上，采用如下方式确定文献来源。

（1）数据来源：本书采用的专利文献数据主要来自 HimmPat 专利检索平台。

（2）法律状态查询：中国专利申请法律状态数据来自 HimmPat 专利检索平台。

（3）引用频次查询：引文数据来自 HimmPat 专利检索平台。

采用如下检索策略完成数据检索：

（1）确定检索要素。基于确定的技术分解表，根据检索目标来构建检索要素。专利分析检索的检索要素以分类号、关键词为主。在检索过程中进行不断的调整，针对不同的技术主题，倾向性地选取分类号或者关键词作为检索的重点。

（2）构建检索式获得检索结果。课题组经过研究，确定采用分 – 总方式进行检索：第一，分别对技术分解表中的各技术分支展开检索，获得该技术分支之下的检索结果；第二，将各技术分支的检索结果进行合并，得到总的检索结果。

1.4.3 查全查准评估

对于检索结果评估，查全率和查准率是评估检索结果优劣的指标。查全率用来评估检索结果的全面性，查准率用来衡量检索结果的准确性。设 S 为待验证的待评估查全专利文献集合，P 为查全样本专利文献集合（P 集合中的每一篇文献都必须与要分析的主题相关，即"有效文献"），则查全率（r）可以定义为：$r = \text{num}(P \cap S)/\text{num}(P) \times 100\%$，其中，$P \cap S$ 表示 P 与 S 的交集，$\text{num}(\cdot)$ 表示集合中元素的数量。设 S 为待评估专利文献集合中的抽样样本，S' 为 S 中与分析主题相关的专利文献，则待验证集合的查准率（p）可定义为：$p = \text{num}(S')/\text{num}(S) \times 100\%$，$\text{num}(\cdot)$ 表示集合中元素的数量。

在执行时，通过成立内部评估检索小组，独立于构建待评估检索式的人员。查全样本选取方法为：通过申请人进行智能语义检索，限定出合理专利数量，并通过阅读手段筛选出符合技术条件和抽样数量条件的样本。首先进行各分支查全率检测，根据不同技术主题的特点，使用智能语义检索并通过阅读构建随机样本 170 余项，对重点申请人科磊的专利经阅读筛选出样本 1070 余项，各技术分支查全率均超过 92%。

查准样本选取方法为：通过申请人以及时间因素对待评估检索式作进一步限定，得出符合抽样数量的样本，使用时间段作为检索入口，限定出一定数量的文献，从限定结果中阅读筛选出与检索主题相关的文献，经手动标引去噪，各重点技术分支查准率均超过 97%。

1.4.4 相关事项和约定

（1）同族专利

同一项发明创造在多个国家或地区申请专利而产生的一组内容相同或基本相同的

文件出版物，称为一个专利族。从技术角度来看，属于同一专利族的多件专利申请可视为同一项技术。在技术分析时对同族专利进行了合并统计，在国家或地区分布分析时对各件专利进行了单独统计。

（2）近期部分数据不完整说明

在本次所采集的数据中，下列多种原因导致了 2022 年及其之后提出的专利申请的统计数量是不完全的。如，PCT 专利申请可能自申请日起 30 个月甚至更长时间之后才进入国家阶段，从而导致与之相对应的国家公布时间更晚；发明专利申请通常自申请日（有优先权的，自优先权日）起 18 个月（要求提前公布的申请除外）才能被公布，以及实用新型专利申请在授权后才能获得公布，其公布日的滞后程度取决于审查周期的长短等。

（3）术语约定

项：在进行专利申请数量统计时，对于数据库中以一族（这里的"族"指的是同族专利中的"族"）数据形式出现的一系列专利文献，计算为"1 项"。以"项"为单位进行的统计主要出现在外文数据的统计中。一般情况下，专利申请的项数对应于技术的数目。

件：在进行专利统计时，例如为了分析申请人在不同国家/地区所提出的专利申请的分布情况，将同族专利申请分开进行统计，所得到的结果对应于申请的件数。一项专利申请可能对应于一件或多件专利申请。

（4）主要专利申请人名称的约定

同一申请人的名称通常会发生变化，包括：①大规模的企业会有一些子公司或分公司，因此专利申请过程中可能会带有地域性名称等；②译名的变化，当一件专利申请进入其他国家/地区时，同一申请人会因为翻译的不同而具有不同的名称；③公司并购或者拆分，由于市场竞争激烈，很多申请人之间会发生并购、买卖或拆分，这样也会导致同一申请人的名称变化。

因此，课题研究过程中，为了数据分析的准确性，将检索结果标引后的数据导入 HimmPat 专利检索平台；利用 HimmPat 系统的标准申请人字段同时结合人工标引得到标准化的申请人名称，从而进行分析。

第2章 量检测技术专利申请概况

本章基于量检测技术的全球和中国专利统计数据，对量检测技术全球整体发展情况和中国的发展现状进行分析，以研究量检测技术发展趋势、技术生命周期和分布区域，以及各主要技术分支的情况。

2.1 全球专利申请态势

2.1.1 申请趋势

从整体趋势来看，量检测技术全球申请量总体呈现波动式增长趋势。图 2 - 1 - 1 展示了量检测技术全球专利申请趋势，其可以分为技术萌芽期、快速增长期、调整期、爆发式增长期。

图 2 - 1 - 1　量检测技术全球专利申请趋势

（1）技术萌芽期（1986 年以前）

1986 年以前，在相当长的一段时期里，量检测技术全球范围的年度专利申请量处于缓慢增长的状态，年度申请量长期不足 100 项，发展尚处于起步和探索阶段，该技术的发展还不成熟，因此专利申请数量较少。

这一时期是量检测技术的早期发展阶段，以量测技术发展为主，检测技术发展为辅，量测技术的申请量高于检测技术的申请量，其中，在量测技术中以技术门槛相对较低的膜厚量测率先开始发展，且该阶段日本公司占据主导地位。这主要得益于日本在 1976 年联合日立、NEC、富士通、三菱、东芝五大公司筹集 720 亿日元（2.36 亿美元）启动"VLSI（超大规模集成电路）计划"的研究开发。量检测技术领域中的重点申请人日立在该阶段进行了较早的专利布局，在全球检测和量测设备市场占据重要地位。

（2）快速增长期（1987—2007 年）

1987—2007 年，随着半导体领域的蓬勃发展，个人电脑、功能手机等应用领域和市场规模逐渐增大，量检测技术的年度申请量保持快速增长，量检测的关键尺寸量测、掩模板检测、晶圆缺陷检测等各技术分支均保持快速发展。

（3）调整期（2008—2016 年）

该阶段，专利申请量维持在一个相对较稳定的区间，经历了之前的半导体行业的放量增长。受 2008 年全球金融危机、2009 年欧洲债务危机的影响，全球半导体业界的市场需求与前几年相比出现了大幅度下滑。根据美国高德纳公布的 2008 年半导体全球市场的调查结果，销售额比 2007 年同期减少 4.4%，从而导致部分晶圆厂利用率降低，甚至从市场退出或被出售，在下行周期中，晶圆厂会减少设备的采购，2008—2010 年量检测技术在全球的专利申请出现了略微下滑趋势。随着智能手机、穿戴设备的兴起，2011 年开始缓慢复苏，开始缓慢波动式恢复增长。

（4）爆发式增长期（2017 年以后）

2017 年后，全球的量检测技术专利申请出现了爆发式增长。尽管受全球疫情和贸易战的影响，该阶段全球半导体设备市场依旧表现强劲，主要是因为随着 5G、物联网、人工智能、新能源汽车等新兴行业的发展，以及受全球芯片短缺影响，晶圆厂产能利用率提高，晶圆厂往往会采购设备进行扩张，驱动半导体设备销售额增加。另外该时期内中国晶圆厂的持续落成、投产、扩产，也促进了国内半导体设备需求的增加，量检测技术全球专利申请迎来爆发式增长。

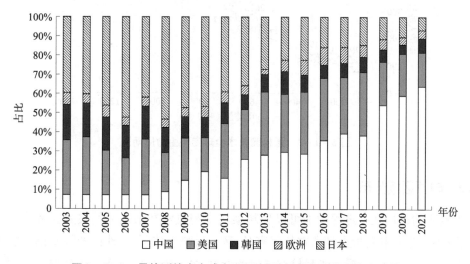

图 2 - 1 - 2　量检测技术全球主要国家/地区的申请数量占比趋势

图 2 - 1 - 2 展示了 2003—2021 年量检测技术全球主要国家/地区的申请数量占比趋

势。数据统计表明：在 2010 年之前，日本申请量占据一定的比例，最多时占比超过 50%，这是因为早期日本抓住了半导体产业转移的机遇，成就了日立、富士通、东芝等企业，其中日立、雷泰光电积极在量检测领域布局；但从 2010 年之后占比呈现下滑状态，至 2021 年时，占比已不足 10%。美国、韩国、欧洲占比呈现波动趋势，但整体来看，占比区别变化浮动较小。中国国家知识产权局受理的专利数量占比呈现出明显的逐年增长趋势，从 2003 年占比不足 10% 增长至 2021 年占比超过 60%。

2.1.2 技术生命周期

图 2-1-3 展示了量检测技术全球相关专利生命周期，反映了量检测技术各年份对应的申请人数量、专利申请数据的变化趋势。由图 2-1-3 可知，量检测技术生命周期的变化与全球专利申请量的趋势变化相吻合，反映出量检测技术的发展程度。可以看出，1986 年以前，专利申请数量以及专利申请人数量均较少，发展尚处于起步和探索阶段；1987—2007 年，呈现出快速的增长状态；2008—2016 年处于调整期，每年申请人数量、专利申请量呈现波动式的变化，均维持在一定的区域范围内；2017 年以后，在 5 年的时间内专利申请量呈现明显的增长趋势，申请人数量也呈现明显增长的态势。这表明量检测技术的不断发展，市场不断扩大，技术吸引力凸显，越来越多的申请人投入量检测技术的研发中，专利申请数量也急剧上升，发展迅猛。

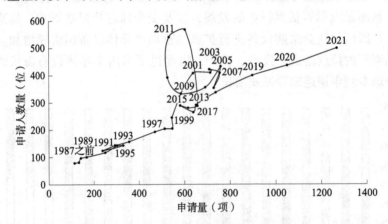

图 2-1-3 量检测技术全球专利生命周期图

2.1.3 申请区域分布

专利申请区域在一定程度上可以反映某项专利技术在某地域的被关注程度。专利来源国/地区指专利首次申请所在的国家/地区，反映出该国家/地区的技术创新能力和活跃程度。图 2-1-4 展示了量检测技术的专利来源国/地区分布。统计数据表明，在全球专利申请中，专利申请来源地主要集中在日本、美国、中国、韩国，上述四国申请量占全球申请总量九成以上，是全球量检测技术的重要来源国/地区。来自日本的申请最多，占全球专利申请总量的43%，因此日本是专利申请的主要来源国家。来自美国、中国、韩国、欧洲的专利申请占全球专利申请总量的比例依次为 20%、20%、10%、4%，来自其他国家/地区的仅占3%。

专利目标国/地区是指申请人在该国/地区进行了专利申请，反映出该技术领域在不同国家/地区的被重视程度。通常，只有技术研发较为密集或者市场开发潜力更大的地域，申请人才会重视该国家/地区的专利布局。图 2 - 1 - 5 展示了量检测技术的专利目标国/地区分布。日本占比为25%，相对于其在专利来源国分布43%的申请量占比，有所减少，这也表明其他国家/地区在日本的专利布局有所减少；中国作为第三次产业转移的新兴目标市场之一，以占比22%成为全球排名第二的专利申请目标国。美国为第三大专利申请目标国，占比为全球总量的19%；韩国以11%的占比位列第四；欧洲以8%的占比位列其后。

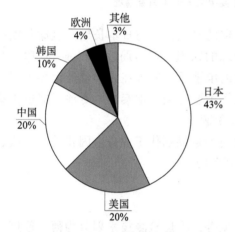

图 2 - 1 - 4　量检测技术的
专利来源国/地区分布

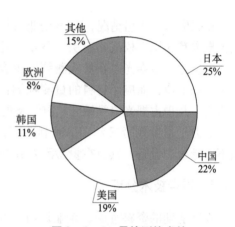

图 2 - 1 - 5　量检测技术的
专利目标国/地区分布

2.1.4　主要申请人

图 2 - 1 - 6 展示了量检测技术全球主要申请人的申请量情况。从申请人排名来看，日立、科磊凭借在行业内多年的技术积累，占据了绝对的领先优势，申请量领先于其他申请人，分别排名第一、第二。日立推出的 CD - SEM（关键尺寸量测 - 电子束）处于行业领先地位。科磊作为全球领先的半导体量检测设备供应商，市场份额占据全球市场的半壁江山，产品线涵盖了量检测各类型的系列设备，在量检测技术领域的专利申请量也高居第二，在该领域内有着较大的话语权。

三星电子、台积电是全球顶尖的晶圆代工机构，两家晶圆代工厂的市场份额就占据了全球半导体市场的70%左右。虽然两家主营业务不是量检测设备，但会采购相关的量检测设备，以用于生产线，也积极在量检测领域进行专利布局，分别排名第三、第十。

中科飞测是国内专注于量检测设备的企业，既进行量测设备研发，也进行检测设备研发，申请量排名第四。

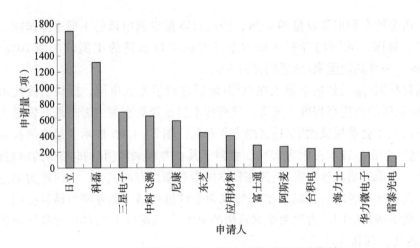

图 2 - 1 - 6　量检测技术全球主要申请人的申请量情况

根据申请人排名情况，日本企业占据了一定的份额，这与日本长期在全球范围内积极推进其知识产权战略有关。日本企业在全球的知识产权布局意识较强，尼康、东芝、富士通、雷泰光电在量检测领域也有一定的申请量，尼康在光学仪器市场牢牢占据了领先地位，而应用材料的量测检测占据市场主要份额，雷泰光电专注于掩模板缺陷检测，几乎占据光掩模缺陷检测设备的 100% 份额。

海力士是世界第三大 DRAM 制造商，同时也涉足晶圆代工业务。因相关生产线也离不开量检测设备，其也在量检测领域进行专利布局。

2.1.5　重点技术分支

根据前期的资料查阅、企业调研、专家意见等，将量检测技术划分为薄膜厚度量测、三维形貌量测、套刻误差量测、关键尺寸量测、晶圆缺陷检测、掩模板缺陷检测六个技术分支。图 2 - 1 - 7 展示了 2022 年以来各技术分支的全球申请量占比。可以看出，晶圆缺陷检测申请量最多，占比 31%；其次为薄膜厚度量测，其申请量占比 28%；其余分支的申请量，三维形貌量测申请量占比 18%，套刻误差量测申请量占比 9%，掩模板缺陷检测申请量占比 9%，关键尺寸量测申请量占比 5%。

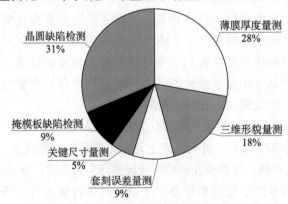

图 2 - 1 - 7　各技术分支的全球申请量占比

虽然薄膜厚度量测、三维形貌量测的占比高，但从半导体前道工艺来看，关键尺寸量测、套刻误差量测、晶圆缺陷检测、掩模板缺陷检测涉及集成电路图案转移的精确度，在半导体量检测中的地位更加重要。此外，根据调研、统计数据，薄膜厚度量测、三维形貌量测技术门槛相对较低，集中度相对分散，已有国内厂商研发出相关的产品且推向市场。例如，中科飞测 2019 年推出三维形貌量测设备通过长江存储产线验证，应用在集成电路前道领域；2020 年推出薄膜厚度量测设备通过士兰集科产线验证。睿励科学仪器推出产品薄膜膜厚量测 TFX4000i 系列设备突破 5nm 制程，产品已交付客户，同时 TFX3000 系列产品正在 14nm 芯片生产线进行验证。

2.2　中国专利申请态势

2.2.1　申请趋势

根据检索得到的数据集，进行扩展同族国家/地区合并，之后筛选出在华申请的文献。量检测技术中国专利申请量的变化与全球变化趋势有所不同，如图 2 - 2 - 1 所示，在华专利申请趋势可以分为以下几个阶段。

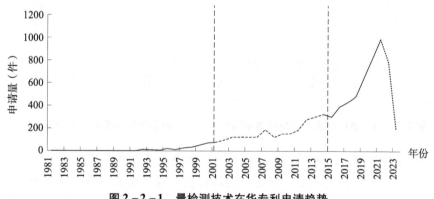

图 2 - 2 - 1　量检测技术在华专利申请趋势

（1）技术萌芽期（2001 年以前）

2001 年以前，量检测技术在华专利申请量增长缓慢，处于技术萌芽期，年度申请量一直在 100 件以下。

（2）稳步增长期（2002—2015 年）

2002—2015 年，专利申请数量逐年稳步上升，同样受金融危机以及欧洲债务危机的影响，2008—2011 年有小幅波动，但与同期全球专利申请趋势比较，总体震荡较小，主要是同期中国的 GDP 正处于快速增长阶段，国内产业发展需求旺盛，展现出较强的抗风险能力与韧性。前期国内针对半导体产业出台了一系列措施、政策，例如《国家中长期科学和技术发展规划纲要（2006—2020 年）》确定了 16 个重大专项，其中"02专项"，即"极大规模集成电路制造技术及成套工艺"项目重点进行关键制造工艺、制造装备的攻关。成立于 2005 年的睿励科学仪器承担了"集成电路生产全自动光学测量设备研发与应用"项目，自主研发薄膜测量、光学关键尺寸测量的产品以填补我国该领域的空白。

（3）爆发式增长期（2016 年以后）

该阶段，在华专利申请量的变化趋势与全球变化趋势相一致，专利申请呈现爆发式增长。我国正加快制造强国建设，半导体产业迎来高速发展阶段，这也与目前正处于第三次产业转移阶段相适应，而中国正成为全球半导体制造业转移的主要目的地之一。该时期内，中国已成为全球最大的半导体设备市场，量检测设备在全球市场份额的占比也逐年提高，国内申请人在中国的专利布局力度开始逐渐增大。

图 2-2-2 展示了量检测技术在华申请中国内申请人和国外来华申请人的申请量占比趋势。由于在国内早期的研究没有形成连续性，国内专利申请的中间年份研究出现中断的情况，并且 2022 年、2023 年部分专利申请尚未公开，因此选取 2003—2021 年的数据集进行分析。

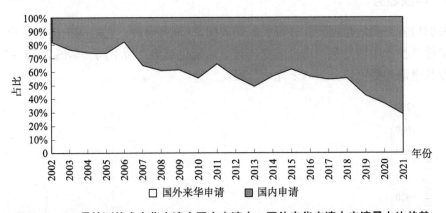

图 2-2-2　量检测技术在华申请中国内申请人、国外来华申请人申请量占比趋势

从国外来华申请占比来看，申请量占比总体趋势呈现波动式的下滑状态；相对应地，前期国内申请量占比较低，但之后逐渐提高，这主要是受国内外整体环境影响。在全球范围内，美国、日本等国家进一步打压中国的半导体产业，限制量检测技术的相关工艺以及设备，国产化需求迫在眉睫。此外，自国家科技重大专项"02 专项"启动以来，国家发布了一系列政策支持国内半导体行业发展，推进半导体设备国产化发展。在政府政策引导和雄厚资金加持下，新建和扩建国内一批集成电路产业链上下游企业，带动国内半导体量检测设备市场需求增长，国内申请人在中国的专利布局力度开始逐渐增大，而科磊等国外公司在中国的专利布局申请量趋于平缓。2019 年之前国内申请量占比几乎都小于 50%（2013 年除外），2019 年、2020 年、2021 年的申请占比分别为 58%、64%、71%。

2.2.2　技术生命周期

图 2-2-3 展示了量检测技术中国相关专利生命周期，与全球专利生命周期图的变化趋势有所不同，主要体现在 2008—2016 年：全球此时处于调整期，申请人数量、

专利申请量呈现波动式的变化；在同时期的中国，虽然也出现波动，但波动幅度较小，且每年申请人数量、专利申请数据稳步增长，处于稳步增长期。2016 年以后其整体趋势与全球生命周期保持一致，申请人与申请量快速增长。

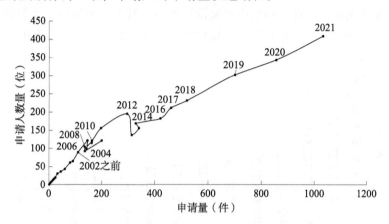

图 2 - 2 - 3　量检测技术中国相关专利生命周期图

2.2.3　申请区域分布

在量检测技术相关在华专利申请中，国内申请和国外来华申请的占比如图 2 - 2 - 4 所示。国内申请占比 53%，国外来华申请占比 47%，其中国外来华申请来源国/地区排名依次为美国、日本、欧洲、韩国。来自美国的专利申请占比为 24%，主要是科磊、应用材料等在中国进行了大量专利布局；来自日本的专利申请占 16%，主要是日立、尼康、东京电子等公司的申请比较集中；来自欧洲的专利申请占 4%，主要集中在 ASML、卡尔蔡司等大型企业；来自韩国的专利申请占 2%，主要集中在三星电子、现代电子等企业。

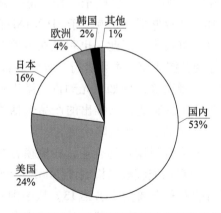

图 2 - 2 - 4　量检测技术在华专利申请国内和国外来华申请量占比

2.2.4 主要申请人

图2-2-5展示了量检测技术在华专利主要申请人的申请量情况。其中，科磊在全球的申请量排名第二，在中国的申请量位居第一，其在中国进行了大量的专利申请，表明了对中国市场的重视。这与其相关量检测设备在中国市场的占有率相匹配。

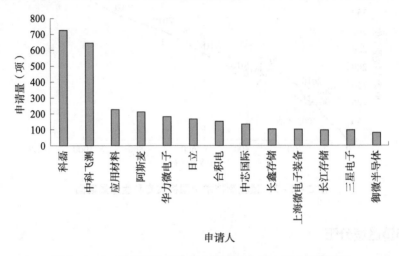

图2-2-5 量检测技术在华专利主要申请人的申请量情况

中科飞测在全球的排名第四，在中国的排名位居第二，主要是近些年申请量有所提升，加大了在国内的专利布局。相对于全球的申请量排序，应用材料、阿斯麦排名也是有所上升，在中国分别排名第三、第四，也表明其对中国量检测市场的重视。日立排名第六，台积电排名第七。

中芯国际、长鑫存储、上海微电子装备、长江存储也在量检测领域进行了相关专利的申请。其中，中芯国际与台积电、三星电子一样，也是领先的集成电路晶圆代工企业。长鑫存储专业生产DRAM存储器，是专注于3D NAND闪存设计制造，其相关的产品与应用的产线离不开量检测技术，因此，也积极在量检测领域进行专利布局。上海微电子装备是国内半导体装备制造商，主要进行半导体装备、泛半导体装备的生产，高端智能装备的开发、设计、制造等，例如，光刻机、激光封装设备。在其众多的产品中，其也涉及量检测设备的研发制造，已推出的产品包括长寸测量兼容短寸和光刻胶膜厚测量、IC先进封装工艺中晶圆图形缺陷检测。

御微半导体是国内专注于量检测设备的企业，在掩模板缺陷检测、晶圆检测同步发力。2022年7月，其首台全自动掩膜缺陷检测设备i6R-300顺利发运国内集成电路先进制程生产线。其在国内的专利申请量排名第13。从中国专利的申请情况来看，申请量和申请趋势近年来都呈现爆发性增长态势；从中国专利主要申请人来看，国内外申请人均积极在中国进行专利布局，争夺中国市场。

2.3　小　结

在量检测领域，国外申请人起步早，专利储备量较大。但近年来，国内市场愈发受到重视，自 2019 年起，量检测技术中国专利申请的比例突破全球申请总量的 50%。国内申请人的申请量也呈逐年递增趋势，同样是自 2019 年起，国内申请人的申请量突破在中国申请总量的 50%。

目前，量检测领域全球共有专利 20518 项。日本、美国是主要技术来源国，其主导的专利分别占到全球专利的 43% 和 20%；受益于 2019 年来申请量的快速发展，以中国为技术来源地的申请量激增至 4202 项，占全球专利的 20%。日本、中国、美国是重要技术目标市场，在三个国家的专利布局分别占全球专利的 25%、22% 和 19%。

美国的科磊、日本的日立、荷兰的阿斯麦是量检测领域市场占有率最高的设备厂商，其专利申请量也相对较大，在全球范围内的专利布局量分别为 1316 项、1700 项、264 项，分列第二、第一、第九位。中国企业中科飞测、台积电、华力微电子申请量较高，其中排名最高的是唯一入围的量检测设备厂商中科飞测，以 646 项申请位列全球第四。

在华申请中，科磊、阿斯麦、日立分别以 726 件、212 件、168 件申请量分列第一、第四、第六位，中科飞测申请量排名第二，另一家量检测设备厂商御微半导体以 79 件申请位列第 13。

在布局策略方面，科磊、阿斯麦相对比较重视中国市场，科磊在中国的专利布局占其总申请量的 55%，阿斯麦在中国的专利布局更是达到其总申请量的 80%。中国企业则主要在国内进行专利布局，中科飞测的 646 项申请中仅 23 项为 PCT 申请，其余则只在国内进行了专利布局；而御微半导体的 79 项专利中仅 3 项为 PCT 申请，其余 76 项均只在国内进行了布局。

从专利申请量和市场占有率来看，美国、日本等国家对我国量检测相关技术以及设备进口进行了管控，以限制我国先进半导体制程技术的发展。近些年来，虽然中国申请量有所突破，储备了一定量的专利，但目前整体的量检测设备国产化率还较低，国内量检测领域的市场份额主要被美国、日本、欧洲企业占据，严重依赖国外厂商；且相关厂商在我国专利布局时间较早，核心专利基本掌握在国外申请人的手中，存在着一定的技术壁垒，目前国内大部分类型的量检测设备的制程还达不到尖端晶圆代工厂的需求标准。受益于国内半导体产业的蓬勃发展和政策大力扶持，国内半导体产业链的完整性和安全性的重视程度提升，国内企业近年来积极在该领域进行技术研发和专利布局，努力突破外国技术壁垒和关键技术的"卡脖子"问题，量检测设备国产化替代进入重要机遇期。虽然量检测设备对知识产权和供应链要求极高，短期内很难达到国际领先水平，但依据目前国内企业的发展趋势，经过时间沉淀，未来市场占有率有望不断突破。

第3章　面向先进制程的量测重点技术

半导体量测技术主要包括关键尺寸量测、套刻误差量测、三维形貌量测及薄膜厚度量测。这四种量测技术在晶圆制造前道工艺中对被观测的晶圆电路上的结构尺寸和材料特性作出量化描述，从而保证芯片良率。具体地来看，关键尺寸量测和套刻误差量测涉及集成电路图案转移的精确度，而图案转移的好坏在晶圆制造中至关重要，因此，相对来说两者在半导体量测中发挥着更加重要的作用。从工程实现上来看，关键尺寸量测和套刻误差量测的技术难度较大，国产替代率相对较低。因此，本章重点针对关键尺寸量测和套刻误差量测展开分析。

3.1　关键尺寸量测

3.1.1　全球专利申请态势

3.1.1.1　全球专利申请趋势

图3-1-1展示了关键尺寸量测领域的全球专利申请趋势。可以看到，从1992年开始，关键尺寸量测技术的发展速度开始加快，并于2000年之后开始进入快速发展时期。2008年，关键尺寸量测技术的相关专利申请量出现了一个较大的回落，这可能与2008年全球金融危机有关。但在2008年之后，关键尺寸量测技术又重新回到了快速发

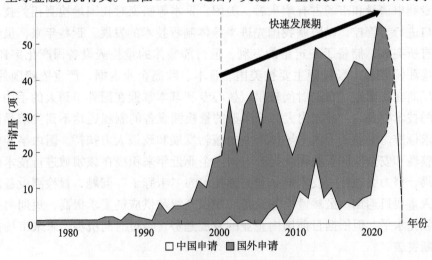

图3-1-1　关键尺寸量测全球申请量趋势

展阶段，并一直维持在较高的申请量水平。因此从整体上来看，关键尺寸量测技术始终处于发展的上升阶段。

相对于全球而言，中国在关键尺寸量测领域的专利申请量长期处于较低的水平。自 2000 年开始，中国申请人才在关键尺寸量测领域开始少量的专利申请，在 2012 年达到一个较小的申请量峰值后，直至 2018 年申请量又持续走低。此后，中国在关键尺寸量测领域的专利申请量出现爆发式的增长。尽管 2022 年的专利申请可能存在部分未被公开的状态，但是其申请量相对于 2018 年仍然增长了将近 5 倍。

为了验证 2008 年全球金融危机的影响，图 3 - 1 - 2 示出了关键尺寸量测技术的技术生命周期，反映了申请人数量和申请量随年份的变化趋势。可以看到，2008 年全球专利申请量以及申请人数量均出现大幅下降。尽管 2009 年申请人数量出现小幅回升，但是专利申请量持续走低，足见全球金融危机对全球半导体产业的影响。2010—2014 年，申请人数量变化不大，但是专利申请量出现较大的回升，表明关键尺寸量测技术进入了新一轮快速增长的阶段。在其他时间阶段，尽管申请人数量和申请量均有所波动，但是所呈现的总体趋势是申请人数量越来越多，专利申请量也越来越多。

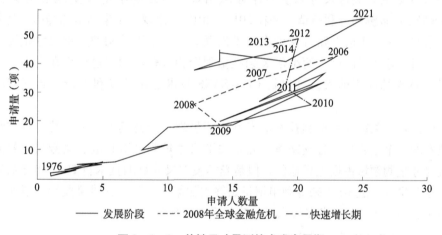

图 3 - 1 - 2　关键尺寸量测技术生命周期

为了进一步揭示关键尺寸量测技术的发展状况，图 3 - 1 - 3 展示了关键尺寸量测各技术分支的全球申请量占比变化趋势。在 1990 年之前，关键尺寸量测技术的专利申请量较低，少量的光学量测手段主要集中在利用光学显微镜进行人工观测量测方面。1990 年之后直至 2000 年，利用光学散射法和电子束进行关键尺寸量测的两种技术手段几乎同步发展。在这一阶段，基于电子的关键尺寸量测技术发展相对更加快速，各年的专利申请量均比基于光学散射的专利申请量多。2000 年之后，基于光学散射法的专利申请量占比迅速上升，而基于电子的专利申请量占比则呈现出下降的趋势。这主要是因为 2000 年之后全球集成电路进入了快速发展阶段，而基于光学散射法的关键尺寸量测技术更能够满足集成电路工艺产线对于大吞吐量、便捷、在线无损测量的需求。

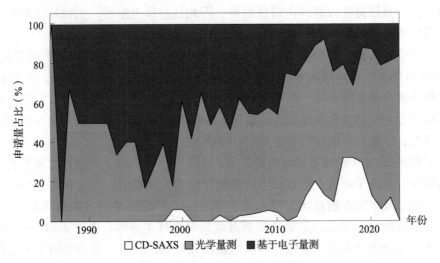

图 3 - 1 - 3　关键尺寸量测各技术分支全球申请量占比变化趋势

2012 年之后，关键尺寸量测技术领域出现了较多的小角 X 射线散射关键尺寸（CD - SAXS）量测的专利申请，并在 2017—2019 年出现一个申请量的峰值。随着集成电路技术的发展，集成电路开始朝向三维发展。对于三维结构的关键尺寸量测，传统的光学散射法存在局限性，而小角 X 射线散射因为其较高的穿透性而在先进半导体工艺中具有较大的应用前景，这也是 CD - SAXS 技术的相关专利申请开始逐年增加的原因。

总体而言，关键尺寸量测技术的专利申请呈现一个持续上升的趋势。从关键尺寸量测技术的三个主要技术分支来看，光学关键尺寸量测技术和电子关键尺寸量测技术在关键尺寸量测领域占据主导地位，但是光学关键尺寸量测技术自 2000 年之后其研发的热度逐年攀升，近 10 年来专利申请量始终占比第一。随着三维堆叠等先进半导体工艺的出现，CD - SAXS 技术展现出了越来越重要的地位。

3.1.1.2　全球专利申请区域分布

从关键尺寸量测技术的专利申请地域分布来看，关键尺寸量测技术的发展主要集中在中国、美国、日本、韩国这四个国家，如图 3 - 1 - 4 所示。其中美国在 CD - SAXS、光学量测以及基于电子量测这三个方面均具有较大的专利申请量，但是更加侧重在基于电子量测和光学量测这两方面的技术研发，其相应的专利申请量分别为 87 项和 317 项，在光学量测和 CD - SAXS 方面专利申请量全球位列第一；日本则以基于电子量测为主要特色，其专利申请量为 102 项，在基于电子量测方面专利申请量全球第一；中国在三个技术分支上相关的专利布局均较少，在技术分支上更加侧重在光学量测方面的专利布局，其专利申请量约为美国专利申请量的 1/3，而在 CD - SAXS 方面的专利申请量仅为美国相应专利申请量的 1/10。

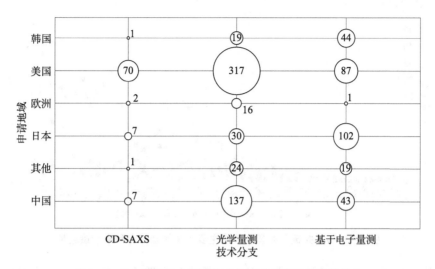

图 3 - 1 - 4　关键尺寸量测技术各技术分支申请地域分布

注：图中数字表示申请量，单位为项。

为了更加直观地反映关键尺寸量测领域的地区集中度，图 3 - 1 - 5 展示了该领域中地区集中度的历年变化趋势。从中国、美国、日本、韩国的申请总量占全球总申请量的比值来看，从 20 世纪 70 年代开始至今，这四个国家的申请总量占比基本上处于全球总申请量的 80% 以上，可见，关键尺寸量测技术的发展依赖于相应地区半导体工艺水平的发展程度。这四个国家的半导体产业发达，配套的关键尺寸量测技术相应地发展也快。而从美国、日本全球专利申请比例来看，其申请量常年处于全球专利申请量的一半以上，只在 2020 年之后这一比例开始下降至 50% 以下。这一方面是由于 2020 年全球疫情的影响；另一方面随着中国开始寻求半导体设备的国产替代，中国申请人开始在关键尺寸量测领域进行大量的专利申请，降低了美国、日本申请量占全球申请量的比例，这也可以从图 3 - 1 - 6 得到验证。从图 3 - 1 - 6 可以看到，2020 年之后，中国的申请量出现较大的上升，美国的申请量呈现下降趋势，而日本和韩国的申请量一直维持在一个较低的水平。

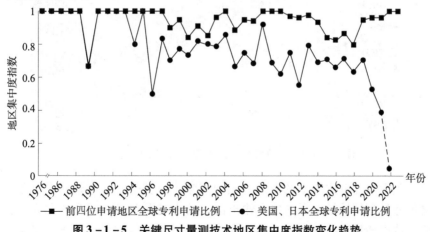

图 3 - 1 - 5　关键尺寸量测技术地区集中度指数变化趋势

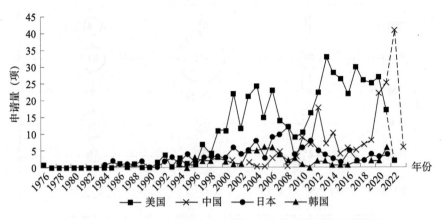

图 3 - 1 - 6　关键尺寸量测技术主要国家的全球专利申请量趋势

　　此外，从图 3 - 1 - 7 所示的技术输入、输出流向路径来看，首先，美国是全球最大的技术输出国，分别在中国、日本、韩国等 14 个国家和地区进行了相应的专利申请；其次，是日本，也向美国、韩国、中国等 9 个国家和地区进行了相应的专利布局。从技术输入方来看，美国、中国是关键尺寸量测领域最主要的市场，其中有 10 个国家和地区的专利申请人在美国有专利布局，有 7 个国家和地区在中国进行了专利申请，并且中国的外来申请量是最大的，足见中国关键尺寸量测领域的巨大市场潜力。

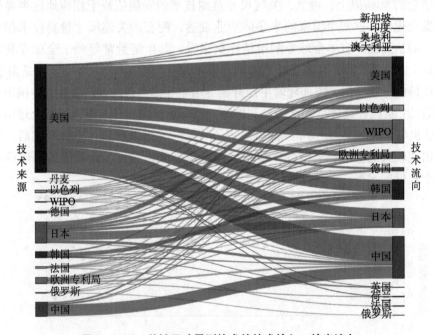

图 3 - 1 - 7　关键尺寸量测技术的技术输入、输出流向

　　总之，关键尺寸量测技术的发展目前仍然集中在美国、日本这两个国家，它们是全球关键尺寸量测领域最主要的技术输出国，其中美国在 CD - SAXS 和光学关键尺寸量测方面全球申请量第一，而日本则在电子关键尺寸量测方面全球申请量第一。中国在关键尺寸量测领域的技术研发投入较晚，目前的研发重点是光学关键尺寸量测技术。但是中国在关键尺寸量测领域的市场潜力巨大，外来专利申请量是最大的。

3.1.1.3　主要申请人

从全球申请人的排名情况来看，关键尺寸量测领域基本上以美国、日本申请人为主导，其中美国科磊占据绝对的申请量优势，如图 3-1-8 所示，专利申请量排名与全球主要申请人在关键尺寸量测领域的市场占有率基本上是一致的。在关键尺寸量测领域全球排名前十位的申请人中，有 3 位中国申请人：睿励科学仪器、上海精测以及华中科技大学。根据前期的调研，睿励科学仪器以及上海精测均已具有光学关键尺寸量测设备面市，在关键尺寸领域具有较高的技术研发实力。华中科技大学具有数字制造装备与技术国家重点实验室，其在半导体量检测领域具有相关的研究工作。但是整体而言，这 3 位中国申请人在关键尺寸量测领域的专利申请量较低，均不足 30 项。

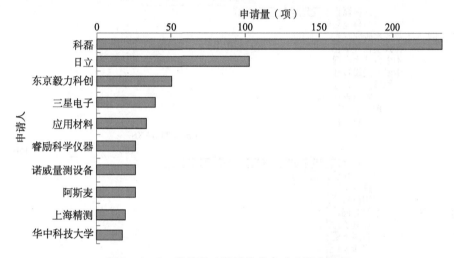

图 3-1-8　关键尺寸量测技术全球申请人排名

为了更加详细地了解关键尺寸量测领域各个分支上申请人分布情况，图 3-1-9 示出了光学量测、CD-SAXS 以及基于电子量测这三个分支上的全球申请人排名情况。可以看到，在光学量测以及 CD-SAXS 分支上，美国科磊的专利申请量遥遥领先；而在基于电子量测方面，日本的日立则占据主导地位。可见，科磊、日立这两个半导体量测设备的主要创新主体，在具体的技术研发方向以及专利布局上彼此错开，避免了彼此间的直接竞争。

在国内申请人中，睿励科学仪器和上海精测在关键尺寸量测领域的专利申请主要集中在光学量测这一分支，这与它们目前的业务发展直接相关。睿励科学仪器和上海精测在关键尺寸量测领域方面主要基于产业的发展需求而侧重在光学关键尺寸量测设备的研发。华中科技大学作为一家科研机构，研究对象不限于产业发展需求，因此除了在光学关键尺寸量测领域，华中科技大学在 CD-SAXS 这一技术分支上也具有相应的专利布局，但是相应的专利申请量较少。在基于电子量测方面，中国的主要申请人集中在中芯国际、台积电这些集成电路代工企业，而相应的半导体量测设备制造商在基于电子量测方面的专利申请量较少，这也是适应半导体产业发展的需求，因为基于电子的关键尺寸量测技术的技术难度相对较低，并且在半导体制造工艺中作为一个复检手段或是事后量测分析手段而存在。

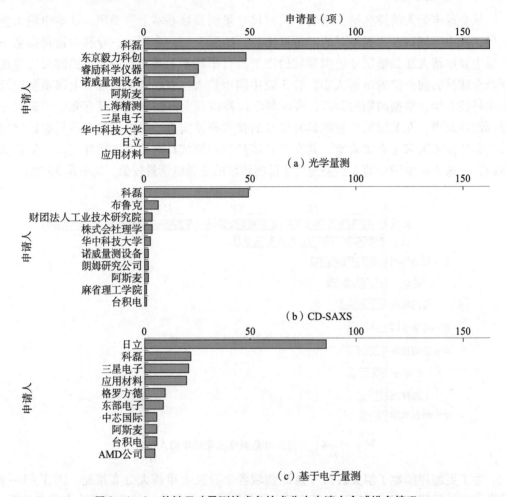

图 3 – 1 – 9　关键尺寸量测技术各技术分支申请人全球排名情况

总体而言，美国科磊和日本日立牢牢占据了关键尺寸量测领域的垄断地位，前者侧重在光学关键尺寸量测领域，而后者侧重在电子关键尺寸量测领域。中国申请人的专利申请量相对较低，并且主要集中在光学关键尺寸量测领域。华中科技大学在 CD – SAXS 这一先进技术分支上有所涉猎，但是专利申请量也较低。

3. 1. 1. 4　技术构成

图 3 – 1 – 10 示出了关键尺寸量测领域的全球专利技术构成情况。可以看到，关键尺寸量测领域有 59% 的专利申请都属于光学量测分支，足见光学量测在整个关键尺寸量测领域的重要地位。基于电子的关键尺寸量测技术的专利申请量位居第二，专利申请量约为光学量测分支的一半。全球剩余近 10% 的专利申请则属于 CD – SAXS 技术。

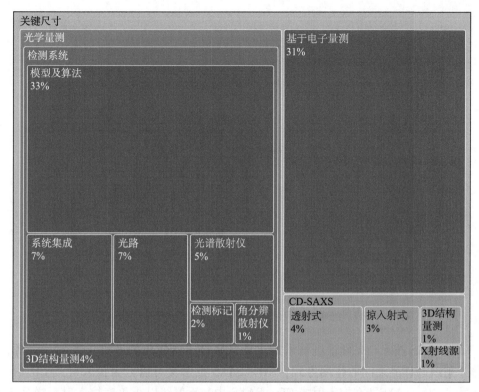

图 3 - 1 - 10 关键尺寸量测技术各技术分支全球专利构成情况

注：图中数据之和因四舍五入不等于100%。

由于基于电子的关键尺寸量测技术实现的技术难度相对较低，并且也满足不了半导体工艺产线对于大吞吐量、便捷、在线无损量测的要求，因此基于电子的关键尺寸量测技术不是本书的主要研究对象，在数据标引中未给予下一级的技术分解。因此，图 3 - 1 - 11 和图 3 - 1 - 12 仅展示了光学关键尺寸量测技术和 CD - SAXS 技术各下一级技术分支的全球申请量变化趋势。

针对光学关键尺寸量测技术，各个下一级技术分支的全球申请量变化趋势如图 3 - 1 - 11 所示。可以看到，系统集成、光谱散射仪、模型及算法及光路这四个分支的专利申请贯穿光学关键尺寸量测技术发展的始终，其中涉及模型及算法的专利申请量是最多的，其增长速率也是最快的。近 10 年光学量测中的模型及算法的相关专利申请量增加较多，表明随着工艺节点的缩小，相关技术的重要性开始提高。

此外，光学量测中 3D 结构量测的相关专利主要出现在近 10 年的专利申请中，这与集成电路工艺节点的发展相关。2011 年英特尔首次将 FinFET 这种三维结构应用于 22nm 工艺节点，并且在工艺节点从 22nm 提升到 5nm 的过程中，一直都是 FinFET 结构在发挥作用，因此针对 3D 结构的光学关键尺寸量测技术越来越受到创新主体的重视。

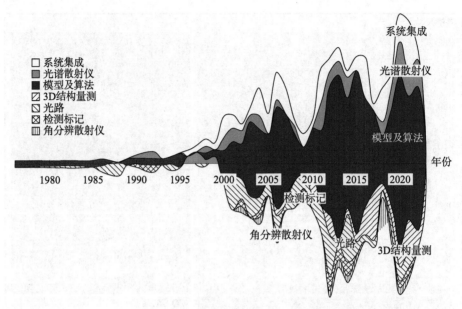

图 3 - 1 - 11　光学关键尺寸量测各技术分支的全球申请量趋势变化

CD - SAXS 技术与光学量测技术的主要区别在于所使用的光源为 X 射线光源，而根据 X 射线与样品之间的作用方式，CD - SAXS 技术又可以分为掠入射式 CD - SAXS 和透射式 CD - SAXS。在掠入射式 CD - SAXS 中，X 射线以小角度掠入射至样品正面，在样品正面的一侧收集 X 射线散射信号；而在透射式 CD - SAXS 中，X 射线以小角度照射样品正面并穿透样品，在样品背面的一侧收集 X 射线信号。

针对 CD - SAXS 技术，各个下一级技术分支的全球申请量变化趋势如图 3 - 1 - 12 所示。可以看到，CD - SAXS 技术起步较早，在 2000 年左右就有涉及掠入射式 CD - SAXS 技术的专利申请出现，但是在长达 10 多年的时间内都没有得到足够发展，专利申请量常年维持在个位数，并且几乎全部都是掠入射式 CD - SAXS 技术。

2008 年首次出现有关 X 射线源的专利申请。并于 2012 年之后，CD - SAXS 技术开始进入一个蓬勃发展的阶段。在这个阶段中，透射式 CD - SAXS 技术出现爆发式增长，2018 年达到了申请的高峰。与此同时，掠入射式 CD - SAXS 技术持续发展，但是历年专利申请量均少于透射式 CD - SAXS 的专利申请。

自从 CD - SAXS 技术进入爆发式增长阶段后，X 射线源受到创新主体的持续关注，但 2020 年之后涉及 X 射线源的专利申请量开始减少。2014 年之后历年都有较多的专利申请涉及 CD - SAXS 技术应用于 3D 结构量测的特定改进，这表明 CD - SAXS 技术在 3D 结构量测方面具有较大的应用前景，创新主体在这一方面投入了持续的研发力量。

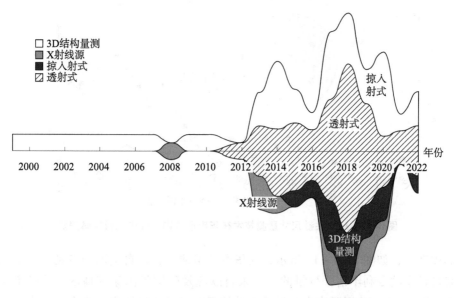

图 3 - 1 - 12   CD - SAXS 各技术分支的全球申请量趋势变化

　　总之，光学关键尺寸量测的专利申请量是最多的，并且随着半导体工艺的发展，光学关键尺寸量测方面涉及模型及算法方面的改进愈发显得重要。半导体工艺进入三维堆叠结构之后，关键尺寸量测技术在 3D 结构量测方面的应用受到越来越多的关注。CD - SAXS 技术起步较早，但是，近 10 年的时间才进入较快的发展阶段，其中透射式 CD - SAXS 的专利申请是最多的，总体而言，掠入射式 CD - SAXS 与透射式 CD - SAXS 这两个技术路线还基本处于同步发展的阶段。

3.1.2   在华专利申请态势

　　为了了解国内关键尺寸量测领域的发展现状，图 3 - 1 - 13 展示了在华专利申请中中国申请人和国外申请人的专利申请趋势以及申请量占比。可以看到，在 2000 年之前，在华专利申请基本上都来自国外申请人，而中国申请人的专利布局出现较晚，2000 年之后才出现少量的专利申请，在 2012 年出现一个较小的峰值之后，专利申请量又维持在一个较低的水平。

　　2018 年中美之间发生贸易争端，美国陆续限制相关半导体设备对中国的出口，因此 2018 年之后国外申请人在关键尺寸量测领域的在华专利申请量出现急剧下降。与之相反，由于中国开始大力发展自己的半导体产业链，因此 2018 年之后中国申请人的专利申请量开始呈现快速上升的趋势，申请量于 2021 年首次超过国外申请并在 2022 年达到一个新的峰值。

　　虽然 2018 年国外在华申请量出现急剧下降，但是因为国外申请人在华的专利布局较早，相关专利数量巨大，而中国申请人在关键尺寸量测领域的起步较晚。因此整体上国外申请人的在华申请量仍然占据在华申请总量的 63.2%，而中国申请人的在华申请量只占 36.8%。中国申请人在关键尺寸量测领域仍然面临着国外申请人的巨大专利壁垒。

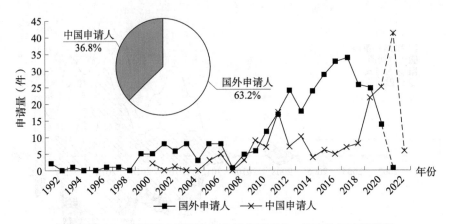

图 3 - 1 - 13　关键尺寸量测技术在华申请国内、外占比及申请趋势

具体来看，如图 3 - 1 - 14 所示，在华专利申请中，来自美国的专利申请最多，其次是来自日本的专利申请，少量的专利来自欧洲及韩国等国家和地区。从各个技术分支来看，图 3 - 1 - 15 展示出在光学量测及基于电子量测这两个分支上，国内专利申请的数量相对较多，其中，国外专利申请占比比中国专利申请分别多 20% 和 13%。这与目前国内的半导体工艺发展水平是相适应的，因为传统的光学量测和基于电子量测能够满足国内的半导体工艺水平需求。

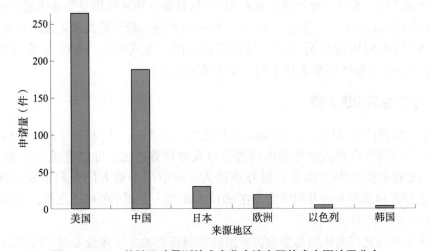

图 3 - 1 - 14　关键尺寸量测技术在华申请主要技术来源地区分布

从图 3 - 1 - 15 还可以看到，尽管 2018 年之后国外申请人的在华申请量开始下降，但是国外申请人并没有放弃适用先进制程的关键尺寸量测技术在中国的专利布局。目前在华专利申请中，涉及 CD - SAXS 技术的专利申请中近 90% 的专利都来自国外申请人。国外申请人通过过去的大量专利布局，在传统的光学量测及基于电子量测的分支上给中国申请人制造了巨大的专利壁垒，而现在国外申请人已经开始在针对适用先进制程的量测技术方面进行专利布局，以期阻碍中国未来的量测技术发展。图 3 - 1 - 16 示出，国内申请人在 CD - SAXS 领域的专利布局是非常少的，结合第 3.1.1.3 小节的分析可知，CD－SAXS 领域少量的专利申请主要来自华中科技大学，国内半导体设备厂商在这一分支上没有相关专利布局。

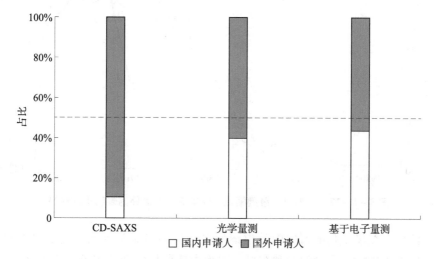

图 3－1－15　关键尺寸量测技术在华申请的各技术分支国内、外申请占比

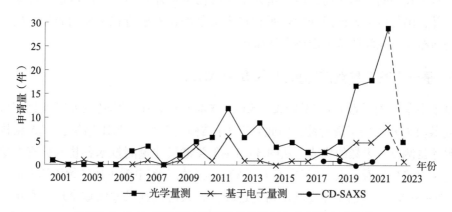

图 3－1－16　关键尺寸量测技术各技术分支中国申请趋势

这主要受限于国内半导体工艺的发展水平较低。前期的行业调查表明，国内半导体设备厂商的技术研发是基于市场驱动的，国内半导体工艺还未进入三维结构阶段，因此没有足够的市场驱动力来促使国内半导体设备厂商大量进行涉及先进量测技术的研发工作，而这些研发工作主要集中在国内高校等研发机构。

最后，图 3－1－17 展示了国外申请人在海外的专利申请趋势情况。可以看到，国外申请人在海外的专利申请趋势与全球专利申请趋势基本一致，2018 年之后并没有出现申请量的大幅下降，这表明国外申请人在关键尺寸量测这一领域仍然保持有较高的研发热情。

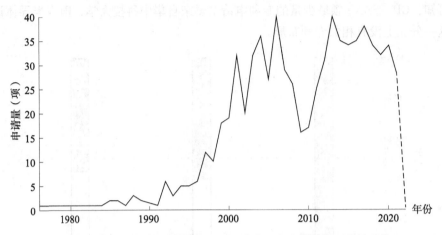

图 3 – 1 – 17　关键尺寸量测领域国外申请人在海外的专利申请趋势

　　总体而言，在华专利申请中国外申请的申请量仍然非常巨大，这是因为前期国外申请人已经在中国做了大量的专利布局。因为中美贸易争端，国外申请人在 2018 年之后开始减少在华的专利布局，但是这并不妨碍在华国外专利对中国申请人的专利壁垒作用，并且国外申请人已经开始着手针对先进量测技术进行在华专利布局。国内申请人在提前布局、风险防范方面还有待加强。

3.1.3　基于小角 X 射线散射量测（CD – SAXS）

　　基于小角 X 射线散射量测即 CD – SAXS 技术的核心在于其光源采用 X 射线源。由于 X 射线具有较强的穿透特性，因此对于 3D 结构（例如 FinFET 结构、GAA 结构）的关键尺寸量测具有天然的优势。从图 3 – 1 – 3 关键尺寸量测技术各技术分支全球申请量占比变化趋势来看，近 10 年来 CD – SAXS 技术的专利申请占比开始逐渐升高。尽管目前 CD – SAXS 技术的全球专利申请量还较少，只占关键尺寸领域全球专利申请总量的近 10%，但是其对于面向先进制程的关键尺寸量测具有非常重要的地位。因此，有必要对 CD – SAXS 技术进行重点分析。

3.1.3.1　整体申请情况

　　CD – SAXS 技术领域的全球专利申请量为 88 项，就申请量而言这一技术分支并不多，如图 3 – 1 – 18 所示。但是，在全球这 88 项专利申请中，有 66 项专利申请有中国同族，也就是说目前 CD – SAXS 领域全球 75% 的专利申请都在中国进行了专利布局，可见中国市场在面向先进制程的关键尺寸量测领域的重要性。

　　从申请人数量对比来看，在 CD – SAXS 领域全球共有 23 位申请人，其中国外申请人有 18 位，国内申请人有 5 位。但是图 3 – 1 – 15 示出，CD – SAXS 领域的国内申请人的专利申请量只占在华申请总量的 10% 左右，国内申请人平均每位只有不到 2 件的专利申请量，可见目前国内申请人在 CD – SAXS 领域只做了一些初探式的研究工作。

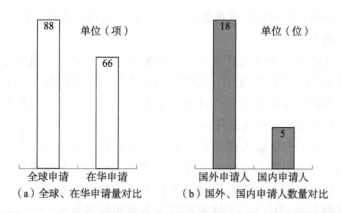

图 3 - 1 - 18　CD - SAXS 技术分支申请量对比及申请人数量对比

从全球申请人的申请量排名来看，美国科磊在 CD - SAXS 领域的专利申请量上占据绝对的优势，有 49 项专利申请，而其他专利申请人的专利申请量均不足 10 项，如图 3 - 1 - 19 所示。在国外申请人中，德国的布鲁克、日本的财团法人工业技术研究院均是国内申请人需要重点关注的申请人。尽管它们的专利申请量相对较低，但是它们在 X 射线检测领域均具有较强的研发实力。在国内申请人中，华中科技大学在 CD - SAXS 领域做了一定的研究工作并也开始进行这一方面的专利布局，但是专利申请量较少，只有 3 项。

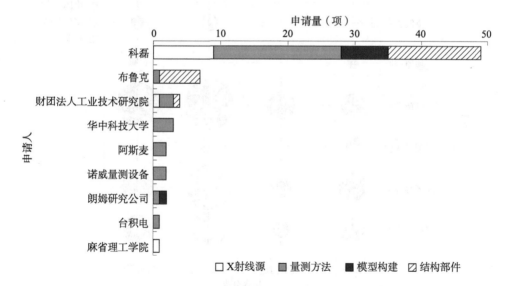

图 3 - 1 - 19　CD - SAXS 技术分支申请人全球申请量排名

将图 3 - 1 - 10 的透射式、掠入射式进一步细分为量测方法、模型构建、结构部件。从技术分布上来看，美国科磊的专利申请涉及 CD - SAXS 技术的各方面，包括 X 射线源、量测方法、模型构建以及结构部件方面的改进。CD - SAXS 的量测模式与光学关键尺寸量测模式是类似的，都是基于模型的非成像式量测技术，光源发射的光照射到样品上，通过探测器等结构部件采集相应的信号，根据测得的信号并结合相应的量测模型来获取对应纳米结构的尺寸参数。可以看到，美国科磊在 CD – SAXS 领域的专利布局是比较全面的。

相比之下，全球其他申请人基本上都只在量测方法上拥有少量的专利申请，在模型构建和 X 射线光源方面涉猎较少，其中朗姆研究公司、财团法人工业技术研究院和麻省理工学院在模型构建和光源方面具有少量专利申请。值得注意的是，德国布鲁克的大部分专利申请都集中在结构部件的改进方面。

总体而言，目前国内申请人在 CD – SAXS 技术方面给予的关注度还是不够的，这主要受限于国内半导体工艺的发展水平较低，对于 CD – SAXS 技术研发的市场驱动力还有所欠缺。而国外申请人对于 CD – SAXS 技术领域的专利布局是非常超前的，尤其是美国科磊，目前它在 CD – SAXS 技术领域的专利布局是最全面的，国内申请人必须时刻关注其在 CD – SAXS 领域的研发动向。

3.1.3.2 技术布局情况

为了进一步了解 CD – SAXS 领域的专利布局情况，图 3 – 1 – 20 展示了 CD – SAXS 这一技术分支的技术功效矩阵。可以看到，大部分专利都涉及提高量测精准度以及提高吞吐量方面的效果改进，这表明在 CD – SAXS 技术领域提高量测精准度和吞吐量是行业内最关注的改进方向。但是在提高量测灵敏度、改善便捷性和降低成本的技术效果方面，相关的专利布局还较少，属于 CD – SAXS 技术领域布局空白点。

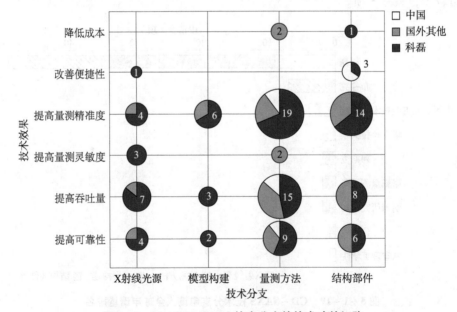

图 3 – 1 – 20　CD – SAXS 技术分支的技术功效矩阵

注：图中数字表示专利申请量，单位为项。

在技术手段上，针对 CD – SAXS 技术的量测方法以及结构部件的改进是专利布局的重点，并且在这两方面的改进都可以实现提高可靠性、提高吞吐量、提高量测精准度以及降低成本的技术效果。在光源方面的改进也非常重要，除了降低成本，在其他技术效果方面都能够改进。相对来说，模型构建方面所能达到的技术效果较少，但是其改进的都是关键技术效果，例如提高量测精准度、吞吐量和可靠性。

从申请人的角度来看，少量的中国申请人只在量测方法和结构部件方面进行了相应的专利布局，但是在 CD－SAXS 技术的 X 射线光源以及模型构建方面没有进行相应的专利布局。相比之下，美国科磊在 CD－SAXS 技术领域的专利布局是相对全面的，从 X 射线光源到结构部件，针对各种技术效果均进行了相应的改进，尤其是 X 射线光源和模型构建方面。

为进一步了解 CD－SAXS 技术分支的专利布局情况，图 3－1－21 展示了 CD－SAXS 技术分支的技术－地域布局情况。可以看到，在 CD－SAXS 技术的四个分支上，具有中国同族的专利申请量均是最多的，而具有美国同族、韩国同族以及日本同族的专利申请量则分别位居第二、第三和第四。这进一步说明半导体关键尺寸量测设备的发展依赖于当地的半导体产业规模，同时验证了中国半导体设备市场的巨大潜力。

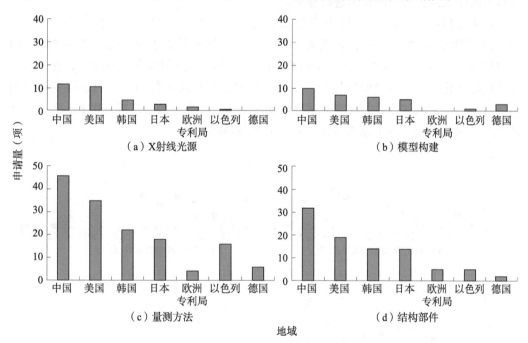

图 3－1－21　CD－SAXS 技术分支的技术－地域布局情况

但是，结合图 3－1－20 可知，国内申请人在 CD－SASX 技术领域的专利申请量非常少，专利布局零星、分散，不成体系，因此图 3－1－21 进一步揭示出，国外申请人针对 CD－SAXS 技术领域在中国的专利布局是全方位的，这对于今后我们国内 CD－SAXS 技术的发展是非常不利的。

总体而言，CD－SAXS 技术领域的专利布局主要集中在行业内重点关注的技术效果上，如提高量测精准度、吞吐量和可靠性。在这三个技术效果上全球的专利布局是相对比较全面的，X 射线光源、量测方法、模型构建和结构部件这四个技术分支均有一定量的专利申请。国内申请人在 CD－SAXS 领域进行专利布局时会面临一定的难度。

但是整体而言，各个技术 - 功效点上相应的专利布局量还是比较少的，国内申请人一方面可以针对相应的技术空白点进行提前布局，另一方面也可以针对国外申请人相关专利进行包绕式的布局。

3.1.3.3　重点技术及发展情况

为了分析 CD - SAXS 领域的技术发展，首先选取该领域中 X 射线光源、掠入射式 CD - SAXS 和透射式 CD - SAXS 这三个分支中全球被引频次最高的三件专利：US20080273662A1 是美国 Xradia Inc 公司（后被卡尔蔡司收购）的申请，涉及掠入射式 CD - SAXS 的核心结构；US10801975B2 是美国科磊的申请，涉及透射式 CD - SAXS 的结构改进；US7929667B1 是美国科磊的申请，涉及 X 射线光源。这三件专利的高被引频次在一定程度上可以说明它们对后来的技术发展影响较大，因此以这三件专利为起点，通过前向引用和后向引用关系筛选出被引频次较高的专利作为关键技术节点，然后以时间序列结合相应的技术进行分析。

首先分析这三件重点专利的历年被引频次。从图 3 - 1 - 22 可以看到，这三件专利公开之后他引次数均较高，最高超过了 30 次，其中涉及掠入射式 CD - SAXS 的 US20080273662A1 从 2012 年之后被引频次持续上升，并于 2016 年达到峰值，此后出现振荡性的变化，但被引量均维持在一个较高水平，并且均为他引，表明这件专利受到本领域专利申请人的持续关注。通过分析发现，这一件专利公开了掠入射式 CD - SAXS 的核心结构及方法，属于掠入射式 CD - SAXS 的基础专利。

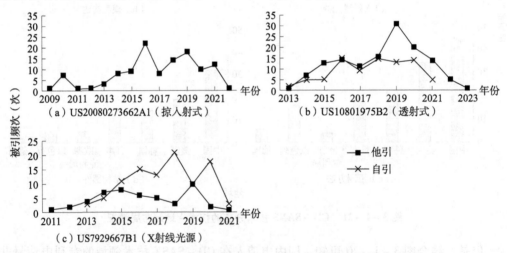

图 3 - 1 - 22　CD - SAXS 技术分支三件重点专利的历年被引频次

US10801975B2 这件专利则涉及透射式 CD - SAXS 的改进，是 CD - SAXS 技术领域另一条重要的技术研发路线，并且他引和自引频次均较高，说明科磊在透射式 CD - SAXS 方面持续地进行研发投入，围绕该件专利进行了多项改进，而本领域中其他申请人也紧跟科磊进行透射式 CD - SAXS 技术的研发。但是 2019 年之后这件专利的他引频次逐年下降，一方面，可能与全球专利申请量因为疫情的原因而减少有关；另一方面，可能与透射式 CD - SAXS 在量测速度方面逊于掠入射式 CD - SAXS 有关。但总体而言，目前透射式 CD－SAXS 和掠入射式 CD－SAXS 这两条技术路线还处于并行发展的阶段。

US7929667B1 这件专利涉及 X 射线光源，虽然其被引频次较高，但是大部分是自引，表明这件专利在科磊的整个 CD－SAXS 技术研发过程中具有非常重要的地位。作为 CD－SAXS 量测技术，X 射线光源质量起到举足轻重的作用，可以说这件涉及 X 射线光源的专利奠定了科磊 CD－SAXS 技术研发的基础，这在图 3－1－23 的技术发展路线图中可以得到验证。

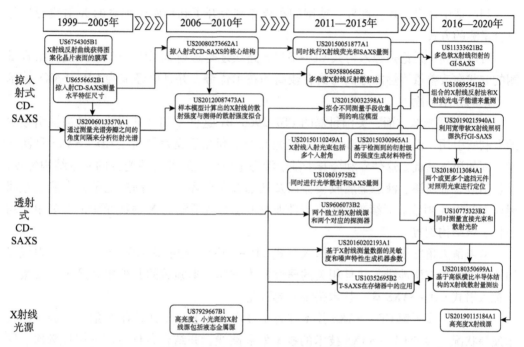

图 3－1－23　CD－SAXS 技术发展路线

图 3－1－23 展示了 CD－SAXS 领域的技术发展路线，相关代表专利均是前述三件重点专利引用网络中被引频次超过 25 次的专利申请，相关的技术改进涉及 X 射线光源、量测方法、模型构建和结构部件多个方面。

从图中可以看到，早在 2000 年左右基于 X 射线的量测技术就已开始逐渐发展。早期基于 X 射线的量测技术以掠入射式为主，代表性专利为美国 Xradia Inc 公司（后被卡尔蔡司收购）的 US20080273662A1 这件专利，其公开了掠入射式 CD－SAXS 量测系统的核心结构；之后从 2006 年至今，掠入射式 CD－SAXS 得到了持续的发展。早期，掠入射式 CD－SAXS 的量测手段比较单一，例如 US6556652B1、US20080273662A1 和 US20120087473A1 这三件专利均采用单一的 X 射线以小角掠入射照射样品，而收集的信号也只有 X 射线散射信号。2011 年之后，随着美国科磊在掠入射式 CD－SAXS 技术路线上的研发投入，组合量测方式的 CD－SAXS 技术开始增多，其组合使用多种量测途径来进行 CD－SAXS 量测，例如 US20150051877A1 同时执行 X 射线荧光量测和小角 X 射线量测，US10895541B2 则公开了组合 X 射线反射法和 X 射线光电子方式进行混合量测，但是掠入射式 CD－SAXS 技术的混合量测方式还只是组合了 X 射线的不同种类的量测途径。

透射式 CD‑SAXS 技术的研发起步较晚，大概在 2011 年之后才开始进入大规模的研究阶段，并且透射式 CD‑SAXS 技术的研发企业主要是科磊，德国布鲁克在这一方面也有所涉猎。在透射式 CD‑SAXS 技术路线上，组合量测方法进一步拓展，例如 US10801975B2 这件前面提及的在透射式 CD‑SAXS 路线上被引频次最高的专利，公开了光学散射法和小角 X 射线量测的组合量测方式，并且这种量测方式在美国科磊的后续专利申请中多次出现。此外，德国的布鲁克则公开了利用两个独立的 X 射线源进行组合量测的方式。

可以看到，无论是掠入射式 CD‑SAXS 路线还是透射式 CD‑SAXS 路线，组合量测的方式在改善量测性能方面均具有较高的技术优势，并且已经成为 CD‑SAXS 技术中关键的技术手段。

在 X 射线光源方面，美国科磊的 US7929667B1 这件专利被其后续多件高被引频次的专利所引用，说明这一件涉及 X 射线光源的专利几乎成为科磊在 CD‑SAXS 量测技术方面的研发基础。这件专利公开了基于液态金属射流的 X 射线光源的基本结构配置，其包括液态金属源、液态金属收集器以及液态金属循环系统，高速电子轰击液态金属射流而产生 X 射线。后续美国科磊多件涉及液态金属射流的 X 射线光源的专利申请均包括了该结构配置。

从申请人角度来看，科磊在掠入射式 CD‑SAXS、透射式 CD‑SAXS 及 X 射线光源这三方面均有所涉猎，并且相关的研究实力雄厚。本领域的其他申请人则主要集中于掠入射式 CD‑SAXS 这一技术路线上的研究。

为了进一步了解 CD‑SAXS 技术在各个技术分支上，尤其是在 X 射线光源上的技术发展状况，参考 CD‑SAXS 技术的技术发展路线，并结合各件专利的引证频次、同族数量、权利要求项数、独立权利要求字数、是否引用非专利这几个指标进行综合排序，筛选出涉及各个技术分支的重点专利，如图 3‑1‑24 所示。

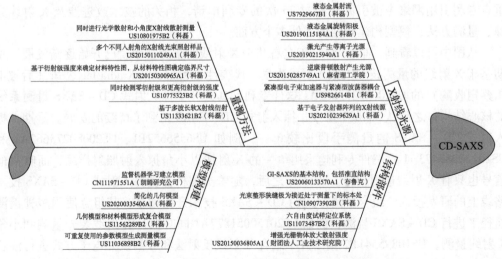

图 3‑1‑24　CD‑SAXS 技术分支的重点专利技术

（1）X 射线光源

小型紧凑的高亮度 X 射线光源是 CD‑SAXS 技术中的核心部件，也是目前 CD‑SAXS 量测面临的主要挑战。当前市面上的小型 X 射线源主要包括旋转阳极 X 射线源和基于液态金属射流的 X 射线源，然而这些小型 X 射线源的亮度无法满足 IC 在线量测对于量测速度的要求。因此，目前专利技术中的 X 射线源都是围绕着如何实现小型紧凑的高亮度 X 射线光源来进行技术改进的。

图 3‑1‑25 示出了涉及 X 射线光源相关专利之间的引用关系，并且对其涉及的技术研发方向进行了归类，其中括号中的数字表示该件专利在全球被引次数。从图中可以看到，小型紧凑的高亮度 X 射线源的技术路线有五个方向：①基于液态金属射流的 X 射线光源；②激光产生等离子体（LPP）X 射线光源；③紧凑型电子束加速器与紧凑型波荡器耦合的 X 射线光源；④基于电子发射器阵列的 X 射线光源；以及（5）基于逆康普顿散射的 X 射线光源。

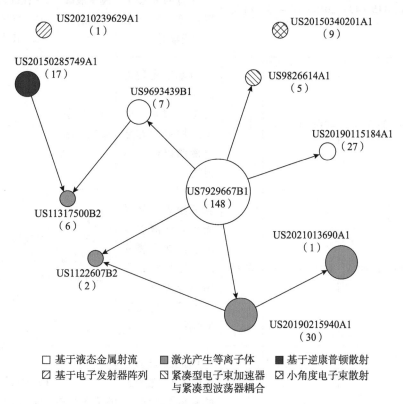

图 3‑1‑25　技术分支 X 射线光源重点技术间的引用网络

结合表 3‑1‑1 所示的 X 射线光源全球相关专利可知，上述五条技术路线中，美国科磊主导了第①至④这四条研发路线，并且图 3‑1‑25 进一步示出，US7929667B1 和 US20190215940A1 这两件美国科磊的专利申请分别涉及基于液态金属射流的 X 射线光源和激光产生等离子体（LPP）X 射线光源，它们均被引用了多次，表明它们在 X 射线光源研发过程中具有核心地位。因此可以推断，美国科磊将基于液态金属射流的

X 射线光源和激光产生等离子体（LPP）X 射线光源作为其研发的重点。

表 3-1-1 应用于半导体计量的 X 射线光源的代表性专利

序号	公开号	申请日	申请人	技术要点	技术分类	法律状态
1	US7929667B1	2009-09-29	科磊	加热并熔化金属以产生液态金属射流，电子束照射到液体金属射流阳极以产生 X 射线	基于液态金属射流	US 授权
2	US20190115184A1	2018-10-16	科磊	通过用电子流轰击旋转的液态金属阳极材料产生 X 射线辐射	基于液态金属射流	US 授权、KR 授权、CN 授权、JP 授权、TW（CN）授权、IL 授权
3	US9693439B1	2014-06-13	科磊	高功率激光轰击固体靶材以产生液态金属滴，电子束照射液态金属液滴以产生 X 射线	基于液态金属射流	US 授权
4	US20190215940A1	2018-01-10	科磊	脉冲激光源将激光束导向液态或固态的非金属液滴，两者相互作用形成等离子体进而发出高亮度 X 射线	激光产生等离子体	US 授权、KR 授权、TW（CN）授权、EP 未决、CN 未决、JP 未决
5	US11317500B2	2018-08-26	科磊	脉冲激光源将激光聚焦在液态或固态的密集氙靶上，两者相互作用点燃等离子体进而产生高亮度 X 射线	激光产生等离子体	US 授权、JP 授权、TW（CN）授权、EP 未决、KR 未决、CN 未决

续表

序号	公开号	申请日	申请人	技术要点	技术分类	法律状态
6	US11272607B2	2020 - 10 - 21	科磊	脉冲激光源将激光聚焦在采用低原子序数低温靶上，两者相互作用点燃等离子体进而产生高亮度 X 射线	激光产生等离子体	US 授权、TW（CN）未决、CN 未决、KR 未决
7	US20210136901A1	2020 - 10 - 21	科磊	脉冲激光源将激光引导至液体薄片喷射目标上，两者相互作用点燃等离子体进而产生高亮度 X 射线	激光产生等离子体	US 授权、TW（CN）未决、CN 未决、KR 未决
8	US9826614B1	2014 - 02 - 16	科磊	紧凑型电子束加速器与紧凑型波荡器耦合，电子加速器产生的电子流和波荡器之间的相互作用产生 X 射线照明光，其中电子加速器是基于射频或等离子体的加速器	基于紧凑型电子加速器	US 授权
9	US20210239629A1	2020 - 09 - 11	科磊	电子发射器阵列产生集中在小阳极区域上的大电子电流以产生高辐射 X 射线照明光，阳极材料选择多样	基于电子发射器阵列	US 授权、CN 未决、TW（CN）未决

序号	公开号	申请日	申请人	技术要点	技术分类	法律状态
10	US20150285749A1	2015-04-03	麻省理工学院	利用逆康普顿效应产生高亮度X射线，其在脉冲串中产生电子束的突发并将电子束加速到光速的87%，在光腔中填充有激光脉冲	逆康普顿散射	US 失效
11	US20150340201A1	2015-05-22	财团法人工业技术研究院	在反射或反向散射模式下进行小角电子束散射量测，获得几纳米大小的电子束容易；样品与电子束之间的散射截面更大，相比X射线，电子散射强度要高10^4倍	小角度电子散射	US 授权、TW（CN）授权

下面结合表 3-1-1 详细介绍各个研发路线的基本实现方式以及相应优势。美国科磊的 US7929667B1 这件专利公开的技术方案如下：加热并熔化金属以产生液态金属射流，电子束照射到液体金属射流阳极以产生 X 射线，同时液态金属收集器收集流出的液态金属，并通过循环系统将收集到的液态金属返还到液态金属容器中。这样一方面提高了原料的利用率，有助于降低成本；另一方面高能电子束轰击过的液态金属温度较高，累积的热量使得对阳极金属的加热不成问题，在量测时间内于液态金属射流处连续发射电子束，从而产生类似连续的 X 射线束。此外，还可以在液态金属容器中添加多种金属，从而产生具有不同能级和峰值波长的 X 射线，可以高度适合于某些特定的应用。

但是采用液态金属射流的 X 射线光源存在以下问题：（1）液态金属阳极材料会蒸发形成金属蒸气，从而可能会缩短 X 射线光源的寿命；（2）增加阳极功率负载会使 X 射线光源不稳定；（3）液态金属阳极材料选择受限，液态金属射流 X 射线光源的可用能量范围受到严重限制。为此，美国科磊提出一种改进的基于液态金属的 X 射线光源结构 US20190115184A1，其将液态金属阳极和旋转阳极结合，通过用电子流轰击旋转的液态金属阳极材料产生 X 射线辐射。此外，美国科磊进一步提出采用高功率激光轰击固体靶材以产生液态金属滴，然后电子束照射液态金属液滴以产生 X 射线。采用这种方式能够突破对阳极金属材料的选择限制，从而能够产生更大能量范围的 X 射线光源。

在激光产生等离子体（LPP）X 射线光源方面，美国科磊申请了四件相关专利：US20190215940A1、US11272607B2、US20210136901A1 及 US11317500B2。这四件专利申请公开的都是激光产生等离子（LPP）X 射线光源，所不同的是激光光束照射的目标不同：US20190215940A1 中激光束照射液态或固态的非金属液滴以产生等离子体，US11317500B2 中激光束照射液态或固态的密集氙靶标上以产生等离子体，US11272607B2 中激光束照射采用低原子序数低温靶以产生等离子体，而 US20210136901A1 中激光束照射以液体薄片喷射目标以产生等离子体。采用激光产生等离子技术来产生 X 射线，可以产生宽带软 X 射线，并且相应的 X 射线源工作也比较稳定。

X 射线光源除了上述两个主要的研发路线，美国科磊还进行了另外两个研发路线的研究工作，其中专利申请 US9826614B1 涉及紧凑型电子束加速器与紧凑型波荡器耦合的 X 射线光源，专利申请 US20210239629A1 涉及基于电子发射器阵列的 X 射线光源。这两个研发路线均能够克服基于液态金属的 X 射线光源所存在的上述不足，例如紧凑型电子束加速器与紧凑型波荡器耦合的 X 射线光源直接避免使用液态金属阳极材料，利用波荡器使得电子流产生振荡，从而产生高亮度 X 射线辐射，并且可以通过改变由电子束加速器提供给波荡器的电子束能量来调整由波荡器产生的 X 射线辐射的波长，进而适应不同场景的使用。再如，基于电子发射器阵列的 X 射线光源中，电子发射器产生集中在小阳极区域上的大电子电流以产生高辐射 X 射线照明光，而相应的金属阳极材料可以使用固体材料，这样就可以避免液态金属阳极材料带来的缺点。

除了上述四种技术路线，还可以利用逆康普顿散射产生高亮度 X 射线。麻省理工学院的 US20150285749A1 这件专利申请公开了基于逆康普顿散射的 X 射线光源的基本结构，着重解决了电子源和光束源性能较差的问题，从而产生高亮度 X 射线。

值得一提的是，财团法人工业技术研究院公开的 US20150340201A1 这件专利申请则为面向先进制程的关键尺寸量测技术提供了一个全新的研究方向。目前 CD - SAXS 技术的发展受限于紧凑型高亮度 X 射线光源的发展，而这件专利绕开了 X 射线的研发路线，而是在反射或反向散射模式下进行小角度电子散射来量测关键尺寸。电子束源相对于 X 射线光源有两个优势：（1）获得几纳米大小的电子束非常容易，可以通过使用电子束来实现大基板（例如直径 400mm）的期望面积（例如 100μm × 100μm 或更小）的量测；（2）样品与电子束之间的散射截面更大，相比 X 射线，电子散射强度要高 10000 倍，电子的这个固有特性减轻了 X 射线高强度、高亮度的要求。因此，在面向先进制程的关键尺寸量测技术方面，小角度电子散射量测关键尺寸或许能够成为 CD - SAXS 技术之外的另一选择。

总体而言，美国科磊在 X 射线光源方面作了较多的探索，其中在基于液态金属射流的 X 射线光源和激光产生等离子体（LPP）X 射线光源方面作了一定的专利布局，并且这些专利涵盖了相应研发路线的主要改进点。但是，必须认识到，美国科磊在 X 射线光源方面的专利布局相对来说还是比较少的。国内申请人在 X 射线光源方面可以针对美国科磊公开的光源结构作一些包绕式的专利布局。此外，美国科磊在基于逆康普顿散射的 X 射线光源方面没有作相关的专利布局，而前面提到的麻省理工学院的相关专利已放弃，因此国内申请人可以着重考虑基于逆普顿散射的 X 射线光源的研发工作，并做好相应的专利布局。

（2）结构部件

在结构部件方面，表 3 - 1 - 2 所示的四件重点专利主要涉及掠入射式 CD - SAXS 的基本结构、光束整形结构、样品定位系统以及散射增强装置。

表 3 - 1 - 2　涉及 CD - SAXS 设备的结构部件重点专利

序号	公开号	申请日	专利权人	技术要点	法律状态
1	US20060133570A1	2004 - 12 - 22	布鲁克	掠入射式 CD - SAXS 的基本结构，其包括 X 射线源、X 射线准直器、光束整形狭缝及检测器	US 有效、KR 有效、TW（CN）有效
2	CN109073902B	2017 - 04 - 24	科磊	光束整形狭缝位于极为接近处于量测下的标本处（即，小于 100 毫米），如此可最小化光束发散对于束斑大小的影响	US 有效、KR 有效、CN 有效、JP 有效
3	US11073487B2	2018 - 05 - 09	科磊	能够在六个自由度上主动定位晶圆的样品定位系统，X 射线照明光束可以在样品表面上的任何位置入射到样品表面上	US 有效、EP 未决、KR 有效、CN 未决、JP 有效、TW（CN）有效、IL 有效
4	US20150036805A1	2014 - 04 - 07	财团法人工业技术研究院	在透射式 CD - SAXS 量测期间放大散射强度的结构，这种结构包括增强光栅物体和放置机构，其中增强光栅物体位于来自目标物体的入射 X 射线的纵向相干长度内	US 有效

专利权人为德国布鲁克的专利申请 US20060133570A1 公开了掠入射式 CD - SAXS 设备的基本结构，具体包括 X 射线源、X 射线准直器、光束整形狭缝及检测器，其中 X 射线以反射模式进行工作，这样的结构包括在所有的 CD - SAXS 设备中。可以说这

一件专利是掠入射式 CD–SAXS 技术的基础专利,并且目前还处于有效状态。

美国科磊的两件专利则针对光束整形结构和样品定位系统分别进行了改进。CN109073902B 公开了光束整形狭缝位于极为接近处于量测下的标本处(即,小于 100 毫米),如此可最小化光束发散对于束斑大小的影响。在具体结构上,光束整形狭缝包括多个极为接近样品的光束整形狭缝、耦合至光束整形狭缝机构的框架的多个致动器、连接光束整形狭缝和对应致动器的多个臂结构以及量测臂结构相对于框架的移位的量测系统。这样的结构能够很好地设置 X 射线束斑的大小。US11073487B2 则公开了一种能够在六个自由度上主动定位晶圆的样品定位系统,X 射线照明光束可以在样品表面上的任何位置入射到样品表面上,如此可以精确定位光束中心。

财团法人工业技术研究院的专利申请 US20150036805A1 则公开了一种用于在透射式 CD–SAXS 量测期间放大散射强度的结构。这种结构包括增强光栅物体和放置机构,其中增强光栅物体位于来自目标物体的入射 X 射线的纵向相干长度内,如此可提高量测速度和信号质量,提高量测的吞吐量,同时也可以降低对 X 射线光源亮度的要求。

(3)量测方法

CD–SAXS 技术的基本量测过程是 X 射线照射样品表面或者穿透样品,检测器探测 X 射线散射信号,并根据获得的信号和相应的量测模型获取样品的尺寸参数。然而,为了提高量测的精准度、可靠性和吞吐量,量测方法上具有多种改进,主要涉及三方面的改进:CD–SAXS 与其他量测方式结合使用、改进 X 射线的照射方式、改善 X 射线信号的探测方式。表 3–1–3 展示了 CD–SAXS 技术领域有关量测方法的重点专利。

表 3–1–3　涉及 CD–SAXS 量测方法的重点专利

序号	公开号	申请日	专利权人	技术要点	法律状态
1	US10801975B2	2013–05–05	科磊	在样本的检测区域同时进行光学散射和小角度 X 射线散射的量测,提高量测的精准度	US 有效、KR 有效、TW(CN)有效、CN 有效、JP 有效、IL 有效、DE 撤回
2	US20150110249A1	2014–10–15	科磊	X 射线源产生的 X 射线通过照明光学器件形成多个不同入射角(AOI)的多个入射光束,照射到样品上后多个传感器收集响应于样品在不同 AOI 处的入射光束而从样品散射的输出 X 射线束	US 有效

续表

序号	公开号	申请日	专利权人	技术要点	法律状态
3	US20150300965A1	2015-04-19	科磊	基于检测到的衍射级强度来确定目标的材料特性图,其中材料特性是量测目标的复折射率、电子密度和吸收率中的任何一个	US 有效、TW（CN）有效、IL 有效
4	US10775323B2	2017-01-30	科磊	全束 X 射线束照射样品,并同时检测相对于样品一个或多个入射角的零衍射级和更高衍射级的强度,同时量测直接光束和散射光阶可以提喝吞吐量,并提高量测精度	US 有效、KR 有效、JP 有效、CN 有效、TW（CN）有效、DE 未决、IL 有效
5	US11333621B2	2018-07-09	科磊	入射的 X 射线采用多波长软 X 射线衍射进行量测,借助多波长 SXR 衍射子系统和 X 射线反射计子系统来提高量测吞吐量	US 有效、KR 有效、CN 未决、JP 有效、IL 有效、TW（CN）有效

在 CD-SAXS 技术与其他测量方式结合使用方面,美国科磊的专利申请 US10801975B2 公开了一种 CD-SAXS 技术与光学量测结合的量测方法,在样本的检测区域同时进行光学散射和小角度 X 射线散射的量测,通过识别共享的模型参数来提高利用 SAXS 和光学散射量测技术组合量测的参数的精度和准确性。除了表 3-1-3 中所示的这件专利申请,美国科磊还公开了 CD-SAXS 技术结合 X 射线荧光的量测技术 (US20150051877A1)、CD-SAXS 技术结合光电子能谱的量测技术 (US10895541B2) 以及 CD-SAXS 技术结合相位显示光学的量测技术 (US20200080836A1),如图 3-1-26 所示。这些结合其他量测方式的组合量测均是为了提高量测的精准度,也是美国科磊围绕组合式量测方式所作的专利布局。

在改进 X 射线的照射方式方面,美国科磊公开了两件专利文献。其中 US20150110249A1 这件专利申请公开了多入射角的 CD-SAXS 量测技术,其 X 射线源产生的 X 射线通过照明光学器件形成多个不同入射角（AOI）的多个入射光束,照射到样品上后多个传感器收集响应于样品在不同 AOI 处的入射光束而从样品散射的输出 X 射线束,如此可减少 SAXS 量测的背景噪声,增加信噪比,从而提高吞吐量。而另一件专利申请

US11333621B2 则公开了基于多色软 X 射线衍射的 CD－SAXS 技术，其核心在于入射的 X 射线采用多波长软 X 射线衍射进行量测，借助多波长 SXR 衍射子系统和 X 射线反射 计子系统来提高量测吞吐量。

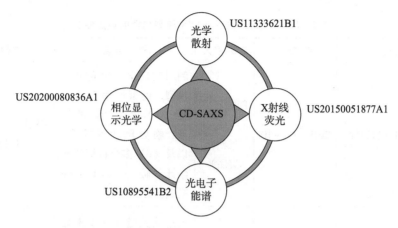

图 3 － 1 － 26　美国科磊公司在 CD － SAXS 分支的组合测量方法

　　在改进 X 射线信号的探测方式方面，美国科磊进一步公开了两件专利文献。其中 US20150300965A1 这件专利申请公开了基于检测到的衍射级强度来确定目标的材料特 性图的 CD － SAXS 技术，其中材料特性是量测目标的复折射率、电子密度和吸收率中 的任何一个，其中检测到的强度各自与响应于 X 射线辐射的入射束从量测目标散射的 辐射的一个或多个衍射级相关联，之后直接从量测目标的材料特性图确定感兴趣的参 数值，如此可改善量测性能。而 US10775323B2 这件专利申请则公开了一种通过全束 X 射线散射法表征半导体器件的尺寸和材料特性的量测方法，其采用 X 射线束照射样品， 并同时检测相对于样品一个或多个入射角的零衍射级和更高衍射级的强度，同时量测 直接光束和散射光阶可以提高吞吐量，并提高量测精度。

　　通过上面的介绍可以看到，筛选出的这几件有关量测方法的重点专利都是美国科 磊的专利申请，足见美国科磊在 CD － SAXS 领域的重要地位。

　　（4）模型构建

　　CD － SAXS 技术的基本量测原理同光学散射法是一致的：首先，需要根据先验知识 对待测纳米结构三维形貌进行参数化表征；其次，对光与纳米结构间相互作用进行建 模，构建正向散射模型，将散射信号同待测形貌参数关联起来；最后，通过求解逆散 射问题来提取待测形貌参数值，其目标是寻找一个最优的散射模型输入参数，使得该 形貌参数计算出来的散射数据能够最佳匹配量测数据。因此，模型构建在整个 CD － SAXS 量测过程中起到了至关重要的作用。对于模型构建，表 3 － 1 － 4 展示了 CD － SAXS 技术中涉及模型构建的重点专利。

　　随着人工智能技术的发展，机器学习在半导体计量中发挥着越来越重要的作用。 美国朗姆研究公司（泛林集团）的一件专利申请 CN111971551A 公开了一种监督机器 学习在构建量测模型中的应用，其利用监督学习建立量测模型，模型所用参数包括：

（i）多个特征的外形、临界尺寸和轮廓，以及（ii）多个特征的光学计量输出。之后利用该量测模型，接收来自检测器的探测信号并输出经处理的衬底上的一个或多个特征的外形、临界尺寸和/或轮廓。机器学习算法的应用，可简化量测模型的构建。

表 3-1-4　涉及 CD-SAXS 模型构建的重点专利

序号	公开号	申请日	专利权人	技术要点	法律状态
1	CN111971551A	2019-04-10	朗姆研究公司（泛林集团）	利用监督学习建立量测模型，模型所用参数包括：（i）多个特征的外形、临界尺寸和轮廓，以及（ii）多个特征的光学计量输出，如此可提高量测的吞吐量	US 未决、KR 未决、CN 未决
2	US20200335406A1	2020-04-13	科磊	通过从关键处理步骤之后量测的衍射图案中减去关键处理步骤之前量测的衍射图案来确定组合的量测数据，将该组合的量测数据拟合到所量测结构的简化几何模型	CN 有效、US 未决、KR 未决、DE 未决、IL 未决、JP 未决、SG 未决、TW（CN）未决
3	US11562289B2	2019-02-27	科磊	由几何模型和材料模型形成复合模型，用光学计量工具量测至少一个额外的测试高纵横比结构	US 有效、KR 有效、CN 未决、DE 未决、JP 有效、TW（CN）有效
4	US11036898B2	2019-03-13	科磊	基于可重复使用的参数模型生成基于纳米线的半导体结构的量测模型，使得量测模型的生成变得更加简单、不易出错且更加准确	US 有效、CN 有效、JP 有效、KR 有效、TW（CN）有效

但是随着半导体器件三维化的发展，必须通过许多参数才能解析复杂的几何模型，而参数的复杂化将会加重计算负担。因此，美国科磊在专利申请 US20200335406A1 中提出了一种简化的几何模型构建过程，通过从关键处理步骤之后量测的衍射图案中减去关键处理步骤之前量测的衍射图案来确定组合的量测数据，将该组合的量测数据拟合到所量测结构的简化几何模型。由于所量测结构的简化几何模型仅包括受关键过程步

骤影响的特征，其包括更少的几何参数，因此能够提高量测的吞吐量。

此外，美国科磊在其专利申请 US11562289B2 中公开了一种针对高纵横比结构的量测方法，其包括几何模型和材料模型，然后由几何模型和材料模型形成复合模型，最后用光学计量工具量测至少一个额外的测试高纵横比结构，如此可提高量测的精准度和吞吐量。而在专利申请 US11036898B2 中，美国科磊提出了一种基于可重复使用的参数模型生成基于纳米线的半导体结构的量测模型的方法，由于参数模型的可重复使用，因此量测模型的生成变得更加简单、不易出错且更加准确，如此可提高量测的吞吐量。

从上述结果可以看到，在模型构建方面存在两方面的改进：一是结合机器学习、深度学习等人工智能算法进行量测模型构建，以简化量测模型的构建；二是从量测模型构建的难度以及量测模型的精度进行改进，以提高量测的精准度和吞吐量。

3.1.4　小　结

从整体发展趋势来看，关键尺寸量测技术目前仍然处于较快的发展阶段。除了受到全球金融危机的影响，关键尺寸量测技术领域的专利申请以及申请人数量整体呈现上升趋势。从技术路线上来看，光学关键尺寸量测技术随着 2000 年之后集成电路的快速发展而快速增长。随着集成电路工艺节点的缩小以及先进器件结构（例如 FinFET 结构、GAA 结构等）的出现，CD－SAXS 技术的专利申请量开始出现上升趋势，在先进工艺进程中占据越来越重要的地位。从在华申请来看，自 2018 年之后，国外申请人的在华专利申请量出现大幅度下降，这主要是受到中美之间贸易争端的影响。

从申请地域来看，美国在关键尺寸量测领域是最大的技术输出国，除了在基于电子的关键尺寸量测技术方面专利申请量稍微少于日本，在 CD－SAXS 和光学散射法量测方面的专利申请量都是最多的，足见美国在关键尺寸量测领域的主导地位。中国在关键尺寸量测技术方面起步较晚，2000 年左右才开始出现专利申请，并且 2018 年之后因为中美之间的贸易争端以及国内寻求半导体产业链国产替代化的需求，在关键尺寸量测领域的专利申请量开始急剧上升，在总申请量方面目前处于第二位，但是绝大部分专利申请都是基于光学和电子的关键尺寸量测，在 CD－SAXS 这一先进量测领域的专利布局非常少。在华专利申请中，CD－SAXS 领域的专利申请近 90% 的专利申请都是来自国外申请人，可见国外申请人仍然非常注重先进量测技术在中国的专利布局。因此，国内申请人需要进一步加强在 CD－SAXS 领域的专利布局，避免未来在这一领域继续面临国外申请人在华的高专利壁垒。

从申请人方面来看，全球关键尺寸量测领域的主要参与者是美国的科磊和日本的日立，其中美国科磊在基于光学的关键尺寸量测和 CD－SAXS 方面的专利申请量遥遥领先，而日本的日立则在基于电子的关键尺寸量测方面具有最多的专利申请量。关键尺寸量测领域的国内申请人主要包括睿励科学仪器、上海精测和华中科技大学，其中前两者主要集中在光学量测方面；而华中科技大学作为科研机构，参与了 CD－SAXS 方面的相关研究工作并具有少量的专利布局。由于企业以市场驱动为导向，鉴于目前国内的半导体工艺发展水平，不大可能投入 CD‒SAXS 这一先进量测技术的研发工作，因此国内申请人要在 CD‒SAXS 领域提前进行相关专利布局，充分挖掘科研院所的潜力，有效发挥"双轨制"的优势：企业按市场驱动主导光学量测，同时可以与科研院所合作进行 CD‒SAXS 这一先进量测技术领域的提前专利布局。

从整个技术路线来看，基于光学散射法的关键尺寸量测技术在先进制程中仍然能够发挥相应的作用，例如在 FinFET 器件工艺中仍然采用光学量测法进行关键尺寸的量测，并且也发展出了一些针对 3D 结构、高深宽比结构的光学量测方法。但是随着 GAA 器件工艺的发展，光学量测法将面临较大的挑战，而 CD‒SAXS 技术在这一工艺中将发挥重要的作用。CD‒SAXS 技术主要有两条路线：（1）掠入射式 CD‒SAXS；（2）透射式 CD‒SAXS。从技术发展路线来看，掠入射式 CD‒SAXS 发展较早，透射式 CD‒SAXS 发展相对较晚，美国科磊在掠入射式 CD‒SAXS 和透射式 CD‒SAXS 这两条路线上都作了较多的专利布局，而其他申请人在 CD‒SAXS 方面主要集中在掠入射式 CD‒SAXS。

对于 CD‒SAXS，专利申请主要分布在 X 射线光源、模型构建、量测方法、结构部件这四方面，其中在量测方法、结构部件这两方面的专利申请量是最多的，而技术改进目的在于提高量测的精准度和吞吐量，这与关键尺寸量测的两个主要性能参数（即精准度和吞吐量）是相匹配的。在这四方面中，国内申请人只在量测方法和结构部件方面具有少量的零散布局，而美国科磊的专利布局是相对全面、比较成体系的，足见美国科磊在 CD‒SAXS 领域的研发实力之强，并且在这四方面均具有相应的在华专利布局。

在 CD‒SAXS 光源方面，主要的挑战在于小型紧凑型高亮度 X 射线源的研发。对于小型紧凑型高亮度 X 射线源，目前主要有五个方向：（1）基于液态金属的 X 射线光源；（2）激光产生等离子体（LPP）X 射线光源；（3）基于电子发射器阵列的 X 射线光源；（4）紧凑型电子束加速器与紧凑型波荡器耦合的 X 射线光源；以及（5）基于逆康普顿散射的 X 射线光源。其中美国科磊的专利申请涉及前四个研发方向，并且以基于液态金属的 X 射线光源和激光产生等离子体（LPP）X 射线光源为研发重点。目前美国科磊在 X 射线光源方面的专利申请量多、涉及的研发方向较全面，因此，国内创新主体未来在前四个方向上小型紧凑型高亮度 X 射线源的研发可能会面临美国科磊的知识产权风险。美国科磊在基于逆康普顿散射的 X 射线光源方面没有作相应的专利布局，因此在 X 射线光源方面，基于逆康普顿散射的 X 射线光源的研发方向相对来说，知识产权风险较小。此外，也可以研究小角度电子散射在关键尺寸量测方面应用的可能性，这可能是替代 CD‒SAXS 技术的一条路线。

总之，在关键尺寸量测领域，目前仍然以国外申请人，尤其是美国科磊为主导。国外申请人在华专利申请出现大幅度下降，因此国内申请人需要充分利用好这一机遇，在光学量测方面努力突破国外申请人的巨大专利壁垒，同时需要积极地提前进行 CD‒SAXS 领域的专利布局，要赶超国外的关键尺寸量测技术，充分发挥国内科研院所的作用，必要时可以"双轨并行"：国内企业基于市场需求重点突破光学关键尺寸量测技术的研发；注意与科研院所合作，借助科研院所的力量提前攻关 CD – SAXS 技术的研发并做好专利布局。

3.2　套刻误差量测

集成电路（IC）产业作为支撑国家经济和保障国家安全的战略性、基础性和先导性产业之一，是新一代信息技术产业的核心。在 IC 制造中，光刻是最复杂、最关键的工艺步骤，其分辨率决定了在晶圆上有限面积中能容纳的晶体管单元数量，成本耗费芯片造价的 40%，是提高效益的关键步骤之一。

光刻工艺的主要内容是通过光的照射，利用光刻胶将掩模板上的图形转移到衬底材料片上，主要流程包括沉积、涂胶、软烘、曝光、硬烘、显影、光刻胶图形检测、刻蚀、离子注入、除胶。晶圆上曝光区域的面积非常宝贵，直接影响经济效益。为了在有限的曝光区域中集成更加复杂的电路，常常在晶圆上进行多次光刻以加工多层堆叠电路。在多次光刻时，为保证器件各部分之间的正确连接，当前层（显影并除胶后剩余的形貌）需要与参考层（晶圆上已刻蚀的形貌）套准。套刻误差的含义为当前层与参考层之间的套准偏差，亦即当前层相对理论位置的偏移量，包括 X 方向与 Y 方向的套刻误差。套刻精度是光刻机的三大性能指标之一，套刻误差的大小直接决定 IC 器件的性能，超过特定阈值将导致器件短路或开路，影响器件的良率。因此，在 IC 器件批量生产时，每道光刻工艺后均需对其套刻误差进行评估，并作为下一道光刻工序的补偿参数，以修正光刻系统的误差。

常用的套刻误差量测手段有扫描电镜（Scanning Electron Microscope，SEM）、扫描透射电镜（Scanning Tunneling Microscope，STM）、原子力显微镜（Atomic Force Microscopy，AFM）。这些手段虽然能够较为精确地表征套刻误差，但具有破坏性，且效率低，因此通常仅作为其他量测手段的参考标准。与 SEM、STM 和 AFM 相比，光学量测手段因其快速、易集成、低消耗、非接触、非破坏等优点广泛应用于半导体量测和工艺参数调控。光学量测的套刻误差量测方法大致可以分为两类：基于图像的套刻误差量测方法（Image – Based Overlay，IBO）和基于光学衍射的套刻误差量测方法（Diffraction – Based Overlay，DBO）。

随着半导体器件工艺节点的不断减小，套刻误差的容许值越来越小。以 14nm 节点为例，根据集成电路的需求，套刻误差要求小于线宽的 30%，即 4.2nm。传统的 IBO 方法已达到其光学分辨率的极限，难以适应新技术节点的要求，因此 IBO 方法逐渐失去其主导地位，DBO 的方法得到了越来越广泛的应用。该技术通过测量套刻标记的衍射光光强来确定套刻误差，不受光学分辨率的限制，且能够有效地避免 IBO 方法带来的许多量测误差，如定位误差、焦面误差、像差因素、照明均匀性和机械振动等，使工具引起偏差最小，具有极高的量测精度。

DBO 方法的主要优点是套刻标记小，且不受光学分辨率的限制。此外，研究表明相较于 IBO 方法，DBO 方法在求解套刻误差时重复性量测精度更好，灵敏度更高，对缺陷套刻标记的容忍度也更好，因此其逐渐取代了 IBO 方法，具体参见表 3 - 2 - 1。

表 3 - 2 - 1　套刻误差量测技术对比

	SEM/STM/AFM	光学量测	
		IBO	DBO
优势	套刻误差表征准确，可实现超高的测量分辨率	通过成像方式计算套刻误差，测量速度快、非接触、非破坏	套刻标记小，不受光学分辨率的限制，重复性测量精度更好，灵敏度更高，对缺陷套刻标记的容忍度也更好
劣势	具有破坏性，测量速度慢、效率低	套刻标记大，受光学分辨率的限制，难以适应新技术节点的要求，标记精度易受加工过程影响	计算资源要求高

DBO 方法是基于光学衍射的套刻误差量测方法。根据求解套刻误差的方式，又可以将其细分为基于模型的 DBO 量测方法（Model - Based DBO，mDBO）与基于经验公式的 DBO 量测方法（Empirical DBO，eDBO）。

mDBO 方法将基于物理模型的仿真结果与实验量测结果进行比对，通过不断调整仿真输入参数使二者差别减小，当差别为零或低于某一定值时所设置的仿真输入参数即为套刻误差的值。典型的 mDBO 套刻误差量测方法可以概括为两个步骤：套刻误差量测正向光学特性建模和基于量测光学信号的套刻误差提取。常用的 mDBO 套刻误差提取方法有库匹配法（Library Search Method）、非线性回归法（Non - linear regression method）、机器学习（Machine Learning）等。

eDBO 方法不仅具有量测速度快、采样面积小的优点，同时消除了传统量测方法的许多误差项，如定位误差、焦面误差、像差因素和机械振动等。典型的 eDBO 方法基于套刻误差光学表征曲线 $I(\varepsilon)$ 的局部线性关系量测套刻误差。在光学表征曲线原点 O 附近，套刻误差 ε 与光学表征量 I 近似地成正比例关系。因 ±1 级衍射光强差与套刻误差之间的表征关系有此良好属性，美国科磊、荷兰阿斯麦等公司都将衍射光强差作为套刻误差的光学表征量来量测套刻误差。

本部分通过对套刻误差量测在全球和中国的专利申请情况进行统计分析，尤其是对基于光学衍射的套刻误差量测方法和基于图像的套刻误差量测方法进行分析，从专利的角度来分析套刻误差量测的发展和现状，为产业提供有价值的专利情报。

3.2.1　全球专利申请趋势

截至 2023 年 7 月 31 日，套刻误差量测领域全球专利申请量为 1825 项。图 3 - 2 - 1 是涉及套刻误差量测领域全球专利申请历年申请量的分布折线图，显示了自 1974 年以来随时间变化的趋势。可以看出，1974—1990 年为技术缓慢发展期，专利申请量呈缓慢增长态势，每年申请量仅几项。1991—1999 年是套刻误差量测的第一个快速发展阶段，专利申请量快速增长，从 1991 年的 16 项增长到 1999 年的 74 项。相对于国外申请，中国申请人在套刻误差量测领域起步较晚，直到 1998 年才开始进行专利布局。2004—2011 年是套刻误差量测的一个申请量下滑阶段。除了 2018 年申请量再次下滑，2012—2021 年是套刻误差量测的第二个快速发展阶段，2021 年申请量达到 102 项，为历年最高。在此阶段，国内申请量发展趋势逐渐影响全球总体发展趋势，尤其是从 2019 年开始，每年的专利申请量中国申请人已超越国外申请人。可见，在套刻误差量测领域，中国申请人的研发热情和投入增长迅速，其发展空间充足，在全球专利申请量中显示出越来越大的占比。

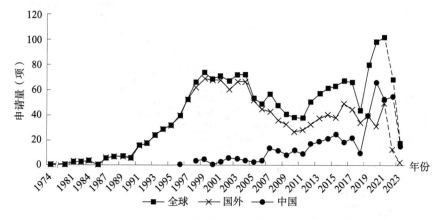

图 3 - 2 - 1　套刻误差量测领域全球专利申请趋势

为了验证套刻误差量测技术的发展空间，图 3 - 2 - 2 示出了套刻误差量测全球专利技术生命周期。可以看出，在套刻误差量测技术发展过程中，出现了多次申请量下滑期：一次是 2004—2006 年，申请量和申请人数量均逐年递减，2007 年虽有小幅回升，但 2008 年全球金融危机的爆发导致申请量降低，并未随着申请人数量的增加而增加，全球金融危机影响持续到 2009 年，导致其申请量和申请人数量继续降低。另一次是 2018 年，虽然申请人数量略有增加，但申请量却大幅降低，主要原因是中美之间的贸易争端。套刻误差量测技术还存在两次快速发展期，分别是 1996—1999 年、2019—2021 年，无论申请量还是申请人数量都有快速增长。套刻误差量测技术生命周期虽然存在申请量的波动，但总体处于增长阶段，尤其是 2019 年后，技术依然处于上升趋势，其改进空间依然充足。

接下来对套刻误差量测一些主要技术的专利申请量增长趋势进行分析，进一步展示其发展情况。套刻误差量测的主要测量技术包括 DBO、IBO 和 SEM，其他测量技术的专利申请数量较少，因此不在本节讨论范围内。图 3 - 2 - 3 示出了三种套刻误差量测主要技术在 1979—2023 年的全球申请量。三种主要技术的历年申请量曲线和趋势各不相同，相较于 DBO 和 IBO，SEM 的发展较为平稳，每年的申请量略有波动。相较于

SEM 和 IBO,DBO 的起步较晚,然而从 1987 年开始,其发展趋势呈波动型增长,虽然每年的申请量略有波动,但总体呈现增长趋势,至 2020 年到达峰值。从专利申请量来看,IBO 的申请量明显高于 SEM 和 DBO,说明 IBO 是套刻误差量测的传统方式,也是套刻误差最常用的量测技术。在 IBO 历年专利申请量中,从 1989 年的 4 项开始快速上升,至 1999 年达到 42 项的峰值,2000—2005 年申请量略有波动后,2006—2009 年申请量快速回落,2010—2020 年申请量缓慢回温,至 2020 年达到 33 项。随着半导体工艺节点的逐步减小、对于提高量测精度和速度的需求增加,DBO 和 IBO 的申请量呈现增长趋势。

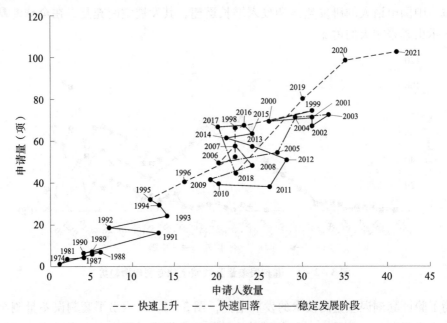

图 3-2-2 套刻误差量测全球专利技术生命周期

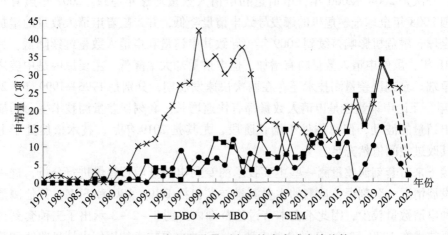

图 3-2-3 套刻误差量测主要技术全球申请趋势

为了了解套刻误差量测全球专利主要申请人情况，图 3-2-4 示出了套刻误差量测全球专利申请前十位的申请人及其主要技术分布。排名第一的是科磊，申请量较大，约为排名第二的阿斯麦申请量的 2 倍，而且其技术布局较为全面，DBO、IBO、SEM 以及算法等，均有涉及。阿斯麦由于其在光刻机市场具有领先地位，主要围绕光刻系统布局量检测设备，因此更侧重光学量测技术的研发，尤其是 DBO 技术。

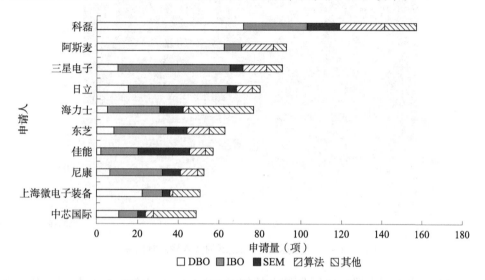

图 3-2-4　套刻误差量测全球专利主要申请人

在全球专利前十位的申请人中，日本申请人居多，有 4 位，虽然排名均未进入前三位，但其数量最多。在套刻误差量测领域，日本申请人投入较多，研发力量较为分散。韩国申请人有 2 位，分别排名为第三位、第五位，说明韩国在套刻误差领域投入也较多，研发力量较为集中。但日本申请人和韩国申请人的量测技术主要集中在 IBO 和 SEM，对于 DBO 的技术布局较少。

中国申请人有 2 位，分别为上海微电子装备和中芯国际，排名分别为第九位、第十位，说明中国申请人在套刻误差量测领域的研发投入与美国、日本和韩国申请人相比还存在较大差距。但从技术分布来看，上海微电子装备类似于科磊、阿斯麦，更侧重 DBO 技术。其 DBO 技术相关专利数量虽然不及排名第一、第二位的科磊和阿斯麦，但已经超越了排名第三至第七位的日本申请人和韩国申请人关于 DBO 的专利数量。

图 3-2-5 示出了套刻误差量测领域的技术输入输出关系。可以看出，美国、日本、中国和韩国申请人在本国的布局情况较为相似，专利布局数量最多，说明这些申请人仍是先寻求在本国的专利保护，也最注重本国的市场。然而，在除本国以外的其他国家或地区的专利布局数量方面，美国最多，日本次之，韩国和中国明显不足，尤其是中国，主要在美国有少量申请，在欧洲、日本和韩国的申请数量极少。上述结果表明，美国和日本申请人除了关注本国市场，也较为注重他国或地区市场的专利布局，而韩国和中国申请人对于他国或地区市场相对不太注重。欧洲的专利申请数量虽然在美国、日本、中国、韩国和欧洲这五个国家和地区中最少，但在这五个国家和地区分

布中最为均匀，布局数量差异较小。

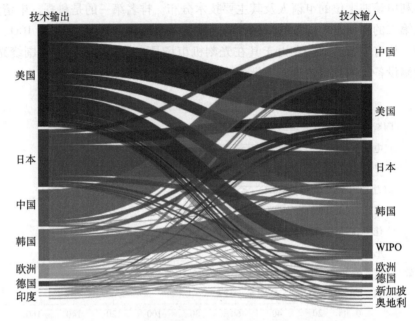

图 3－2－5　套刻误差量测领域的技术输入输出关系

从技术输出方面来看，美国是最大的技术原创国，技术输出数量最多，分别在中国、日本、韩国等9个国家和地区进行了相应的专利申请。其次是日本，也向美国、韩国、中国等8个国家和地区进行了相应的专利布局，而中国的技术输出虽然数量较少，但也向美国、日本、韩国等8个国家和地区进行了相应的专利布局。

从技术输入方面来看，美国是套刻误差量测最主要的市场，有9个国家和地区的专利申请人在美国有专利布局，向中国、日本、韩国、欧洲进行专利申请的国家和地区均有8个，但是中国的外来技术输入最大，有397件，超越了美国的340件，可见中国市场在套刻误差量测领域具有巨大潜力。

总体而言，套刻误差量测的整体发展在2010年回落后，随着中国申请量的增加，再次呈上升趋势，改进空间充足，未来发展前景可期。三个主要技术分支每年的申请数量较小，呈现较大的波动变化。随着半导体工艺节点的逐步减少，对于提高量测精度和速度的需求增加，DBO 和 IBO 的申请量呈现出增长趋势。中国虽然起步较晚，但2019年以后奋起直追，申请量增长迅速。

在套刻误差量测的申请人排名中，科磊占据首位，申请量大约是排名第二位的阿斯麦的两倍，在前十名申请人中，日本申请人最多，而中国申请人排名较为靠后。

在技术输入输出方面，美国是最大的技术原创国，技术输出数量最多，也是套刻误差量测最主要的市场；而中国的技术输出数量较少，但外来技术输入数量最多，有巨大市场潜力。

3.2.2　中国专利申请趋势

中国作为套刻误差量测领域的巨大潜力市场，套刻误差量测技术的发展状况值得进一步研究。截至 2023 年 7 月 31 日，套刻误差量测领域专利在华申请量为 832 件。图 3 - 2 - 6 是涉及套刻误差量测的专利申请在中国历年申请量的分布折线图，显示了套刻误差量测领域申请量自 1993 年以来随时间变化的趋势。可以看出，1993—2017 年，中国总体申请量呈波动型增长趋势，从 1993 年的 2 件增长至 2017 年的 60 件；2018 年总体申请量明显回落，申请量仅 32 件；2019—2020 年，申请量迅速增长至 92 件，主要原因在于国内半导体产业的迅速发展；2021 年后申请量再次回落，但仍有 78 件申请。

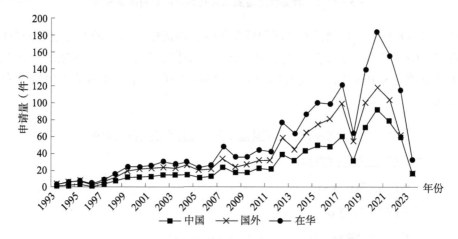

图 3 - 2 - 6　套刻误差量测领域在华专利申请趋势

可以看出，2015 年以前，中国申请数量与国外在华申请数量差异较小，但 2016—2017 年，国外在华申请数量持续增长，超越国内申请数量。2018 年中美之间出现贸易争端，陆续限制相关半导体设备对我们国家的出口，因此 2018 年之后国外申请人对中国市场有所忽视，在套刻误差量测领域的在华专利申请量出现下降。与之相反，由于国内开始大力发展自己的半导体产业链，因此 2018 年之后中国申请人的专利申请量开始出现快速上升的趋势，申请量于 2019 年超过国外申请并在 2020 年达到一个新的峰值，从而影响总体申请量的迅速增长。

随着中国申请人在套刻误差量测领域迅速发展，在华专利申请的申请人区域分布现状如图 3 - 2 - 7 所示。可以看出，本国申请人已是在华专利申请的主力军，占在华申请总量的 53%。除本国申请人外，在华专利申请的国外申请人主要来自美国、日本、欧洲、韩国等国家和地区，其中，美国申请人在中国提交的专利申请最多，占在华专利申请总量的 31%，表明美国在套刻误差量测领域具有较强的技术实力，十分重视在中国的专利布局。

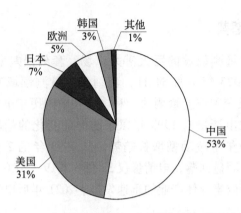

图 3-2-7　套刻误差量测领域在华申请专利区域分布

图 3-2-8 显示了套刻误差量测领域在华专利申请中中国申请人的地区分布情况。可以看出，中国申请人主要分布在上海、台湾、安徽、北京、江苏等地区，其中上海申请人的申请量为 196 件，远超其他地区，说明国内申请在该领域的主要研发力量集中在上海。

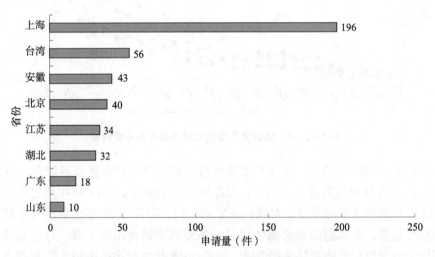

图 3-2-8　套刻误差量测领域在华专利中国申请人的地区分布

为了进一步了解套刻误差量测领域在华专利申请的技术布局差异，图 3-2-9 显示了套刻误差量测领域在华专利申请主要区域的专利技术构成情况，其中（a）是中国申请人的专利申请技术构成情况，（b）是美国申请人的专利申请技术构成情况。可以看出，中国申请人在 IBO 方面的专利申请量较大，占比为 29%；其次为 DBO 方面，占比为 20%。美国申请人有 43% 涉及 DBO，24% 涉及 IBO，表明美国申请人更关注DBO，这是其研发投入的重点，而中国申请人在 DBO 方面的研发投入略有不足。结合DBO 技术整体增长的发展趋势，中国申请人可提前增加对 DBO 的专利布局。

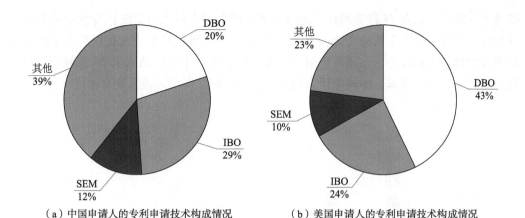

（a）中国申请人的专利申请技术构成情况　　　　（b）美国申请人的专利申请技术构成情况

图 3 - 2 - 9　套刻误差量测领域在华申请专利主要区域的专利技术构成

图 3 - 2 - 10 显示了套刻误差量测领域在华专利申请的前 13 位申请人。可以看出，排名第一的是美国的科磊，有 125 件，在华申请量具有明显优势；排名第二的是荷兰的阿斯麦，有 71 件，排名第三至第五位的，分布是中国的上海微电子装备、中芯国际和华虹宏力，分别有 50、45、39 件。在前 13 位申请人中，除了 1 位美国申请人、1 位荷兰申请人和 1 位日本申请人，其余均为中国申请人，其中有 5 位申请人位于上海，2 位申请人位于台湾，1 位申请人位于安徽，1 位申请人位于湖北，1 位申请人位于北京，说明在套刻误差量测领域，中国申请人百家争鸣，研发投入较高，且区域较为聚集，主要集中在上海。其中，上海微电子装备作为国内唯一一家研发、生产和销售高端光刻机的企业，在套刻误差量测领域的专利布局也超越了国内其他企业。

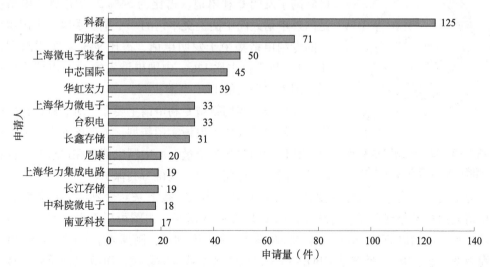

图 3 - 2 - 10　套刻误差量测领域在华专利申请主要申请人分布

在追求专利申请数量的同时，申请质量依然不可忽视。图 3 - 2 - 11 显示了套刻误差量测领域在华专利申请的法律状态情况。可以看出，国外申请人有 121 件专利申请被授予专利权，还有 78 件专利处于未决状态；而中国申请人有 203 件专利申请被授予专利权，还有 139 件专利处于未决状态。国外申请人和中国申请人在权利要求终止和撤回方面数量差异较小，但国外申请人仅有 3 件驳回，中国申请人有 27 件驳回。这说明在套刻误差量测领域，中国申请人的申请数量较高，但申请质量还有待进一步提高。

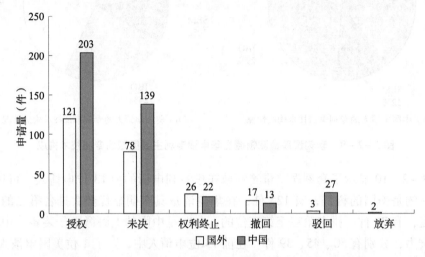

图 3 - 2 - 11　套刻误差量测领域在华申请专利的法律状态

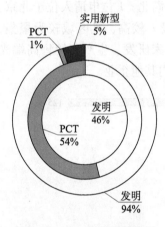

图 3 - 2 - 12　套刻误差量测领域在华申请专利申请类型

图 3 - 2 - 12 显示了套刻误差量测领域在华专利申请类型情况，其中内圈为国外申请类型情况，外圈为国内申请类型情况。由图可以看出，国外申请人的 PCT 专利申请略高于发明专利申请，占比为 54%，说明 PCT 申请仍是国外申请人向中国提交申请的一个重要手段。中国申请人的专利申请集中于发明申请，占比 94%，实用新型占比 5%，PCT 仅占比 1%。中国申请人的 PCT 申请比例远低于国外申请人的 PCT 申请比例。

经核查，实用新型专利申请主要在于对套刻标记的改进，国外申请人并未申请实用新型，可见国外申请人更注重专利保护的时长和质量；而中国申请人在追求专利保护时长的同时，也期望快速获得专利保护。

为了进一步确定该领域主要技术分支的研发热点，接下来对套刻误差量测领域主要申请人的技术分支布局进行统计，如图 3 - 2 - 13 所示。由图可以看出，前三位申请人的专利申请均以 DBO 居多，其中科磊有 53 件涉及 DBO，阿斯麦有 46 件涉及 DBO，上海微电子装备有 22 件涉及 DBO。可见，在套刻误差量测领域，DBO 是最重要的技术分支，也是在华主要申请人关注的热点和研发投入重点。

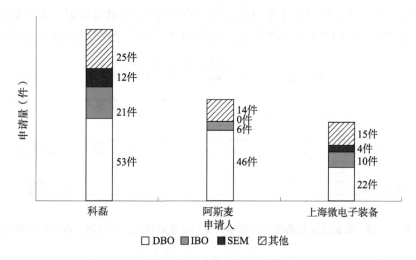

图 3 - 2 - 13　套刻误差量测领域在华申请专利主要申请人的专利申请技术构成

　　继续关注套刻误差量测领域在华专利申请中前三位申请人的专利申请发展趋势，以了解科磊、阿斯麦和上海微电子装备在套刻误差量测领域的创新活跃度。由图 3 - 2 - 14 可以看出，2011 年之前，三位申请人的申请量均较少，差异较小；2011 年以后，科磊的申请量逐步增加，逐渐占据主导地位，尤其在 2018 年各申请人在华的专利申请量均明显下降的情况下，科磊的在华申请量下降幅度较小，且 2019 年后申请量快速恢复，并保持稳定，说明科磊并未忽视中国市场，持续在中国进行专利布局，保持创新活跃度。上海微电子装备从 2006 年开始在套刻误差量测领域进行专利布局，但历年的数量占比一直较少，2020 年的申请数量达到峰值，超越了阿斯麦。

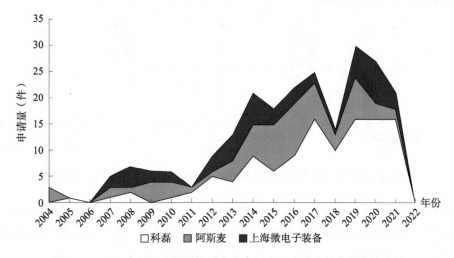

图 3 - 2 - 14　套刻误差量测领域在华专利主要申请人的专利申请趋势

　　图 3 - 2 - 15 示出了套刻误差量测领域在华专利申请主要申请人的授权率和在审率，以及其在审率分布情况。由图可以看出，上海微电子装备的授权率高于科磊和阿斯麦（达到了 80%），但在审率较低，仅有 12%；而科磊和阿斯麦的在审率有 45% 和

33%，原因主要在于上海微电子装备的专利申请审查周期相对较短，大多数申请已结案；而科磊和阿斯麦的专利申请处于在审状态相对较多，授权专利数量占比较少。

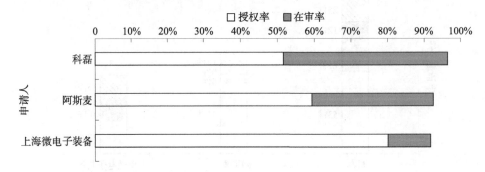

图3-2-15　套刻误差量测领域在华申请专利主要申请人的授权率、在审率分布情况

图3-2-16示出了套刻误差量测领域在华专利申请主要申请人的授权专利情况。基于授权专利的同族数量和权利要求数量将其授权专利划分为四个象限，第一象限为同族国家和地区数量和权利要求数量均较多的专利，专利质量相对较高；第二象限为同族国家和地区数量较少但权利要求数量较多的专利；第三象限为同族国家和地区数量和权利要求数量均较少的专利，专利质量相对较低；第四象限为同族国家和地区数量较高但权利要求数量较少的专利。由图可以看出，科磊和阿斯麦的授权专利主要集中于第四象限，其次位于第一象限，仅少量位于第三象限；而上海微电子装备的授权专利主要集中于第三象限，仅少量位于第四象限，没有专利位于第一象限。由此可知，虽然上海微电子装备的专利授权率超过了科磊和阿斯麦，但其授权专利的质量与科磊和阿斯麦相比还存在较大差距。

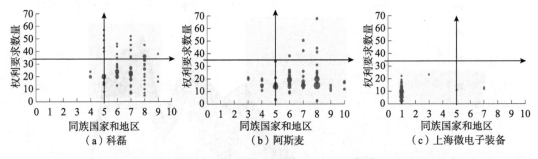

图3-2-16　套刻误差量测领域在华申请专利主要申请人的授权专利情况

此外，在套刻误差量测设备方面，科磊有 Archer 系列，阿斯麦有 YieldStar 系列，而上海微电子装备还没有独立成系列的套刻误差量测设备，在专利转化为产品方面也有所欠缺。

总体而言，套刻误差量测在华申请整体呈增长趋势，中国与国外申请人的申请量没有明显差距，但对比中国与国外在华申请的法律状态，中国的申请质量有待进一步提升。PCT 申请仍是国外申请人向中国提交申请的一个重要手段，中国的 PCT 申请量远低于国外申请人。

在华专利申请的申请人主要来自中国和美国，而中国申请人的地域分布较为集中，主要聚集在上海。申请人排名前两位依然是科磊和阿斯麦，科磊依然处于垄断地位，而且在华申请量逐步增加，创新活跃度保持稳定，因此中国在该领域的发展将持续受到科磊的影响。其余申请人主要是中国申请人，上海微电子装备排名第三位。虽然上海微电子装备的专利授权率超过了科磊和阿斯麦，但其授权专利的质量与科磊和阿斯麦相比还存在较大差距，在专利转化为产品方面也有所欠缺。

前三位申请人的主要技术分支均为 DBO，可见 DBO 是套刻误差量测的研发热点。

3.2.3　基于光学衍射的套刻误差量测方法

DBO 套刻标记相对于 IBO 套刻标记在尺寸大小上更具有优势，而且受半导体复杂工艺的影响更小，所以在先进制造节点得到了越来越多的应用。在专利申请布局方面，根据图 3-2-4 和图 3-2-13 可知，套刻误差量测领域申请人排名前两位的科磊和阿斯麦，其主要技术分支均是 DBO，占比分别为 47.7% 和 69.7%，且分别有超过 70% 的 DBO 申请在中国进行布局；而上海微电子装备作为套刻误差量测领域首位中国申请人，DBO 申请量与科磊和阿斯麦的 DBO 在华申请量相比，少于 50%，差距显著。

在套刻误差量测设备方面，市场主流的产品是来自科磊的 Archer 系列和 ATL100TM，以及阿斯麦的产品 YieldStar 系列，ATL100TM 和 YieldStar 均基于 DBO 技术进行套刻误差量测，而 Archer 主要基于 IBO 进行套刻误差量测。而中国公司还未形成相对成熟的产品，在市场上尚未占有一席之地。由此可见，DBO 是中国申请人在套刻误差量测领域受制于人的重要分支。

科磊作为全球领先的半导体量检测设备供应商，在套刻误差量测领域也是领跑者，于 2010 年推出新型 Archer 300 LCM 叠层对准量测系统，与针对 32 纳米光刻控制的 Archer 200 相比，精确度和量测速度大幅改善，且具备新的芯片内量测度量功能。Archer 300 LCM 旨在帮助芯片制造商以具有成本效益的方式开发和生产 2X 纳米逻辑电路和 1X 纳米半节距存储设备。这标志着套刻误差量测技术进入先进制程，因此，对于基于光学衍射的套刻误差量测方法的专利分析主要研究 2010 年以后申请的专利，以期望获得面向先进制程的 DBO 技术的专利情报。

3.2.3.1　整体申请情况

图 3-2-17 示出了 DBO 技术在 2010—2023 年的全球专利申请趋势。从图中可以看出，虽然 DBO 的申请数量较少，2020 年申请数量峰值有 35 项，但其整体呈增长趋势。其中，国外申请人每年的申请发展较为平稳，波动较小，说明国外申请人在 DBO 的研发投入较为持续；而中国申请人在 2018 年后增长较为突出，且在 2020 年的申请量超越了国外申请人，说明中国申请人在中美贸易争端后也已开始重视 DBO 的研发投入。

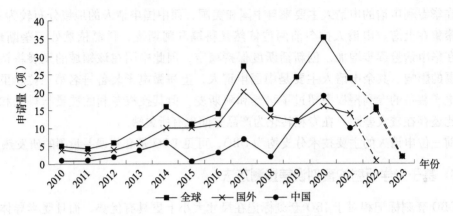

图3-2-17 DBO全球专利申请趋势

DBO 又可以细分为基于经验的 DBO 量测方法与基于模型的 DBO 量测方法。图3-2-18 示出了 DBO 全球专利国外和国内的专利申请技术对比。从图中可以看出，由于基于经验的 DBO 相对于基于模型的 DBO 具有计算资源要求低、求解难度低的优势，无论是中国申请人还是国外申请人，DBO 的专利布局更倾向于基于经验的 DBO；且由于国外申请人在 DBO 的发展较早，无论是基于经验的 DBO，还是基于模型的 DBO，国外申请人的申请量都高于中国申请人的申请量，说明中国申请人在基于经验的 DBO 和基于模型的 DBO 的技术发展方面都存在一定的专利壁垒。

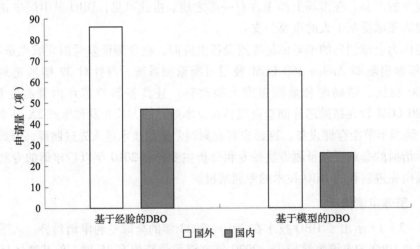

图3-2-18 DBO全球专利国外和国内的专利申请技术对比

接下来对在华申请的专利进行进一步分析，DBO 在 2010—2023 年的在华申请趋势与全球专利申请趋势基本一致，不再赘述。图3-2-19 示出了 DBO 在华专利申请的区域分布。由图可知，DBO 在华专利申请中，美国申请量最多，占在华专利申请总量的46%；中国的申请量次之，占在华专利申请总量的41%；欧洲位于第三位，占在华申请专利的10%；其他国家和地区共占在华申请专利的3%。由此可知，在国内市场，美国申请人是中国申请人的主要竞争对手。

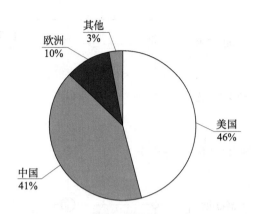

图3-2-19　DBO在华专利申请区域分布

从DBO技术在华专利申请的申请人排名来看，前三位申请人与套刻误差量测领域在华专利申请总量排名的前三位申请人一致，分别是美国的科磊、荷兰的阿斯麦和中国上海微电子装备，如图3-2-20所示。虽然科磊的申请量是上海微电子装备的近3倍，差异显著，但是在排名前八位申请人中，有6位是中国申请人，分别为上海微电子装备、台积电、中芯国际、上海华力集成电路、华中科技大学和长鑫存储。由此可见，在DBO领域，美国的科磊、荷兰的阿斯麦具有领先地位，中国虽然每个申请人的实力优势并不突出，但在DBO研发投入的申请人较多，可以整合力量提高综合实力。

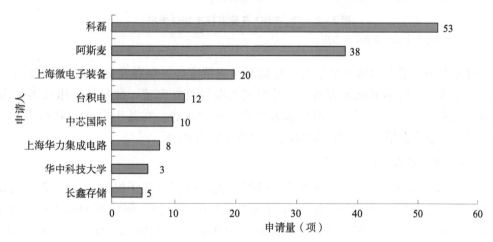

图3-2-20　DBO在华申请专利主要申请人排名

3.2.3.2　技术布局情况

图3-2-21示出了DBO各分支技术功效情况。由图可知，DBO各分支的主要功效均是提高量测精度和吞吐量。基于模型的DBO与基于经验的DBO的差异在于基于模型的DBO还注重对计算方法的优化，例如模型训练、参数校正等；基于经验的DBO相对注重对结构小型化和量测稳定性的改进，例如套刻标记的面积更小、测量重复性更好。

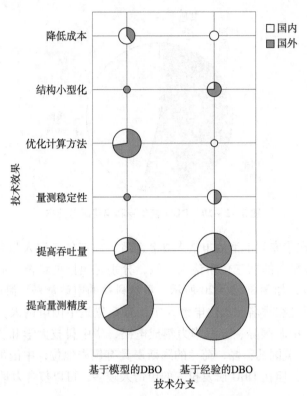

图 3 - 2 - 21 DBO 各分支技术功效情况

注：图中气泡大小表示申请量的多少。

对比中国申请人和国外申请人，在提高量测精度、提高吞吐量、量测稳定性、优化计算方法、结构小型化等方面，国外申请人布局更加完善，数量优势也较为突出；但是在追求降低成本方面，中国申请人则具有一定优势。在基于模型的 DBO 技术领域，中国申请人在量测稳定性和结构小型化方面没有布局。

3.2.3.3 重点技术及发展情况

图 3 - 2 - 22 示出了 DBO 技术发展路线。由图可知，基于模型的 DBO 技术发展线路涉及三方面的改进，包括使用 X 射线作为光源的改进、创建模型的改进以及提高量测信号准确性的改进。在基于经验的 DBO 的技术发展路线方面，国内外申请人的侧重点有所差异，科磊主要侧重于套刻标记的改进；上海微电子装备主要侧重量测系统方面的改进，尤其是采用宽波段光源的改进。国内申请未体现出对套刻标记的改进，原因可能在于对于套刻标记的改进未体现出应用于 DBO 检测，标引时未归类于 DBO。由此可知，DBO 技术发展的总体目标在于提高量测精度、量测速度以及减小套刻标记尺寸。

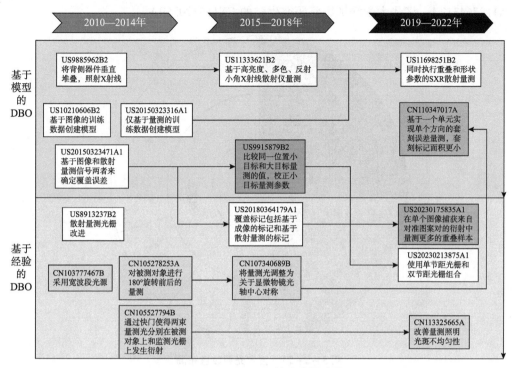

图 3 - 2 - 22　DBO 技术发展路线

注：灰度代表不同的公司。

对比科磊和上海微电子装备的专利布局发现，科磊的布局更加全面，无论是基于模型的 DBO 还是基于经验的 DBO 均占据重要地位；而上海微电子装备主要集中在基于经验的 DBO 研究。基于模型的 DBO 和基于经验的 DBO 的技术发展线路有所交叉，可以看出，两者并非存在明显壁垒，在套刻标记和量测方法方面存在相互借鉴的可能。

由 DBO 技术发展线路可知，量测系统的光源是其发展的一个重要改进方向。图 3 - 2 - 23 示出了 DBO 技术光源改进布局情况，主要包括宽波段光源、复合光光源和 X 射线光源三方面的改进。宽波段光源和复合光光源的主要申请人为上海微电子装备，而 X 射线光源的主要申请人为科磊。

宽波段光源指产生紫外、可见光和红外波段或上述波段组合的光。由于套刻量测标记为周期性结构，入射的宽波段量测光束将会在套刻量测标记上产生色散效应，各种不同波长的光从不同的角度发生衍射，从而在空间上分离，可针对所测套刻量测标记的实际工艺状况，优选对套刻误差较为敏感的量测光束波段进行量测，其量测范围广，高级次衍射光谱具有相互垂直的两个方向的光谱，可以同时量测两个方向的套刻误差，能够获得较丰富的量测信号，从而提高量测精度。代表专利包括上海微电子装备的 CN103777467B、CN105278253A、CN105527794B 和 CN107340689B。

复合光光源可以由若干个不同波长的激光器通过混频得到，使用多个分立波长同时对套刻量测标记进行照射，可以增加有效信号，提高量测重复性，且无须在量测光路中引入光栅或楔板等分光器。代表专利包括上海微电子装备的 CN107329373B、

CN112764317A，清华大学深圳国际研究生院的 CN115390369A。

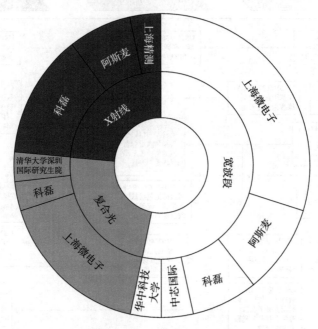

图 3-2-23　技术光源改进布局

X 射线光源适用于越来越小的关键尺寸、越来越复杂的结构特征（例如复杂 3D 结构、7nm 以下的结构、采用不透明材料的结构、边缘粗糙度及线宽度粗糙度结构等）。代表专利包括科磊的 US9885962B2、US11333621B2 和 US11698251B2。US9885962B2 公开了使用 X 射线计量学量测半导体器件覆盖，可以包括高亮度 X 射线光源，该高亮度 X 射线光源与具有改进的量测能力的高效 X 射线照明系统耦合，可以检测各种深度目标的覆盖，并且是非破坏性的。US11333621B2 公开了基于多色软 X 射线衍射的半导体计量，入射的 X 射线采用多波长软 X 射线衍射进行量测，能够以高亮度照亮样本上的小目标区域，并且结合多波长 SXR 衍射子系统和 X 射线反射计子系统来提高量测吞吐量。US11698251B2 则公开了基于软 X 射线散射量测的重叠量测，覆盖层的 SXR 散射量测是基于对实际器件结构（例如 SRAM）的直接量测，由于 SXR 辐射的波长相对较短，非零衍射级，特别是 +/-1 衍射级，对重叠误差提供相对较高的灵敏度。除了科磊和阿斯麦，上海精测也围绕 X 射线光源进行了研究，其专利 CN115790469A 公开了基于小角 X 射线散射量测集成电路套刻误差，其基于套刻偏移量测标记的形状因子，建立小角度 X 射线入射至所述套刻偏移量测标记时的理论散射光强模型，根据目标衍射级次位置、峰值位置和套刻偏移量测标记之间的关系计算出套刻误差，不局限于套刻偏移量测标记的形状，有效提高了套刻误差计算结果的准确性。

3.2.4　基于光学图像的套刻误差量测方法

IBO 是传统的套刻误差量测方法，通常基于具有图像识别和量测的高分辨率光学显微镜等专用设备对特定设计的套刻标识进行处理从而进行套刻误差量测。IBO 的测量速度快，对计算资源的要求不高，并且可以结合图像量测信号和散射量测信号以提高量测精度。IBO 作为套刻误差量测的重要分支，近五年的申请量也呈现增长趋势，因此，对 IBO 近年来的发展现状进行分析对于面向先进制程的半导体量测研究也是必不可少的。

3.2.4.1　整体申请情况

图 3 - 2 - 24 示出了 IBO 在 2010—2023 年的全球申请趋势。从图中可以看出，2010—2018 年的发展较为平稳，无论是中国申请人还是国外申请人，申请量均较为稳定，且国外申请人的申请量持续高于中国申请人，维持在 9 项以上；2018 年以后，国外申请人的申请量持续稳定输出，而中国申请人的申请量增长迅速，于 2019 年超越国外申请人，并于 2020 年达到峰值 25 项；IBO 全球专利申请呈现增长趋势。这说明在 2018 年以后，随着国内半导体产业的快速崛起，中国申请人也开始注重套刻误差量测的发展，包括对 IBO 的研发投入。

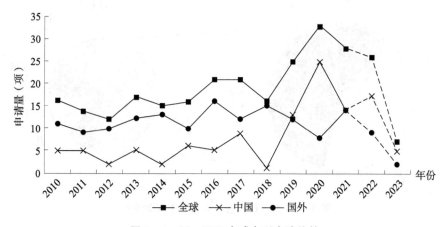

图 3 - 2 - 24　IBO 全球专利申请趋势

在套刻误差量测领域，在中国的专利布局是影响国内市场发展的重要因素，接下来进一步分析 IBO 技术在中国的发展趋势。图 3 - 2 - 25 示出了 IBO 在 2010—2023 年的在华申请趋势，与其全球申请趋势相对比可以发现，两者的申请趋势基本一致，国外申请人变化趋势平稳，2018 年后申请量略微下降；中国申请人 2018 年后增长明显，反超国外申请人。

图 3 - 2 - 26 示出了 IBO 在华专利申请的区域分布。由图可知，在华专利申请中，中国是 IBO 申请量的主要贡献者，占在华专利申请总量的 42%；其次是美国、日本和韩国，分别占在华专利申请总量的 27%、16% 和 12%。而中国申请人主要集中在上海，上海的申请量占中国申请人申请总量的接近一半，占在华专利申请总量的 19%，超越了日本和韩国。由此可知，IBO 的研发聚集地也是上海。

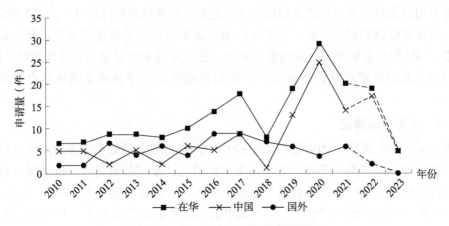

图 3 - 2 - 25   IBO 在华专利申请趋势

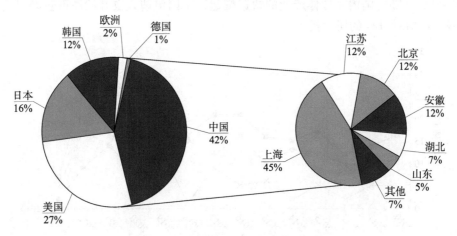

图 3 - 2 - 26   IBO 在华申请专利区域分布

图 3 - 2 - 27 展示了 IBO 技术全球专利的申请人排名及在华申请比例。可以看到，排名前 11 位的申请人中，国外申请人仅 3 位，分别是美国的科磊、日本的佳能和韩国的奥路丝，排名首位的依然是美国的科磊。由此可见，科磊在套刻误差量测领域的重要分支均处于领先地位；佳能和奥路丝位于第三位和第四位。排名前 11 位的申请人中，中国申请人有 8 位，其中上海华力微电子排名第二位，申请量较为突出，其余 6 位申请人的申请量差异较小。

进一步对比 3 位国外申请人在全球和中国的申请量差异可知，科磊的专利申请中，有 79% 的专利进入中国；而佳能和奥路丝的专利申请中，进入中国的专利申请量占比仅为 29% 和 25%。由此可知，在 IBO 领域，引起国外申请人在国内外申请量差异的主要因素在于日本和韩国企业。

进一步分析 IBO 技术在华专利申请的申请人排名，如图 3 - 2 - 28 所示，在排名前 11 位的申请人中，除排名首位的科磊之外，其余申请人均为中国申请人，且排名第二位的上海华力微电子与科磊的申请量差异较小。由此可知，2010 年以后，在 IBO 领域，科磊作为中国申请人的主要竞争对手，与中国申请人的发展并未拉开显著差距，而且中国申请人近年来的发展整体实力较为突出，虽然与科磊相比还存在差距，但可通过整合行业综合实力以提高竞争力。

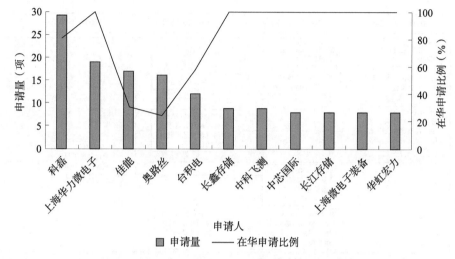

图 3-2-27　IBO 全球专利申请人排名及在华申请比例

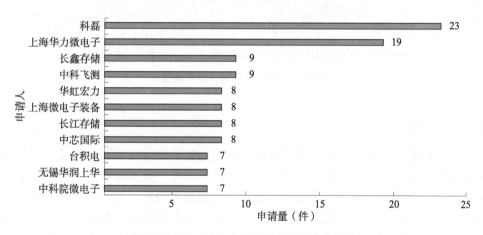

图 3-2-28　IBO 在华申请专利申请人排名

3.2.4.2　技术布局情况

图 3-2-29 示出了 IBO 技术发展路线，其中有背景颜色代表科磊申请的专利，无背景颜色代表其他申请人申请的专利。由图可知，IBO 的技术发展路线涉及套刻标记、计算方法和量测系统三个方面的改进，科磊在 IBO 领域依然是推动技术发展的主要力量，且在专利布局的全面性方面表现突出。在套刻标记方面，相对于 DBO 套刻标记，IBO 的标记精度更容易受到加工过程的影响，因此，对于 IBO 套刻标记的改进是 IBO 技术发展的主要路线之一，该路线也涉及 2010 年后各个时间段，其发展主要涉及对套刻标记的设计改进，以降低标记尺寸、增强旋转对称性以及兼容多种量测方式等；在计算方法方面的发展主要涉及采用两种量测信号以获得最准确的套刻误差、优化算法

使基于图像的量测模型的建立和训练过程自动化；在量测系统方面的发展主要涉及提高吞吐量，例如在量测的同时保持半导体制造产量、采用多场扫描、使用短波红外（SWIR）波长。

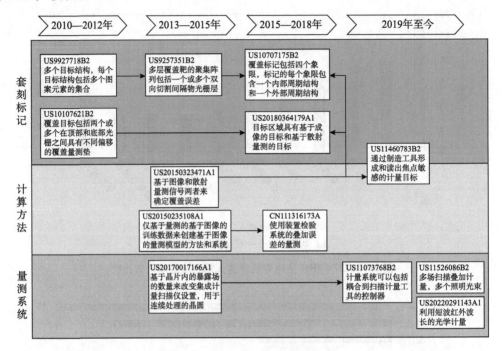

图 3 – 2 – 29 IBO 技术发展路线

3.2.5 小 结

在基于衍射的套刻误差量测技术领域，无论是基于经验的 DBO，还是基于模型的 DBO，国外申请人的申请量都高于中国申请人的申请量，且主要申请量集中于科磊和阿斯麦。DBO 的技术功效方面多集中于追求量测精准度和量测速度的提高，DBO 技术发展的总体目标也集中于提高量测精度、量测速度以及减小套刻标记尺寸。基于模型的 DBO 发展路线涉及使用 X 射线作为光源、创建模型以及提高量测信号准确性三方面的改进，基于经验的 DBO 发展路线涉及套刻标记和量测系统的改进，包括采用宽波段光源。X 射线光源作为面向先进制程的主要改进方向，主要被科磊和阿斯麦垄断，但上海精测也围绕 X 射线光源有所研究。

在基于图像的套刻误差量测技术领域，虽然该技术受到光学分辨率极限的制约，但量测速度快，计算资源要求不高，可与 DBO 量测相结合以提高量测精度，因此，国外申请人近年来对 IBO 的研发维持稳定，与中国申请人相比并未拉开明显差距，日本和韩国申请人仅少量专利在中国布局，中国申请人的主要竞争对手依然是科磊，但科磊在 IBO 的研发投入明显低于 DBO。IBO 的发展路线涉及改进套刻标记以降低尺寸、优化计算方法以提高量测精度、改进量测系统以提高吞吐量等方面。

科磊和阿斯麦的技术分布更侧重于 DBO 技术。DBO 套刻标记相对于 IBO 套刻标记在尺寸大小上更具有优势。对于作为面向先进制程的重要量测技术 DBO，中国申请人在专利布局数量和全面性方面相对于国外申请人都存在差距，建议在研发适应国内半导体工艺水平的量测设备与技术的同时，重视对适应更先进工艺节点的技术进行专利布局。不仅如此，为了提高竞争实力，满足公司未来发展需求，避免侵权诉讼等，在重视国内市场的同时，可提前在国外市场进行专利布局。

虽然中国申请人个体实力未能超越科磊和阿斯麦，但在华专利申请中，排名靠前的中国申请人较多，如果能够整合国内行业或申请人聚集地（例如上海）的整体力量提高综合实力，也许在追赶或摆脱科磊制约方面能有所突破。

对于 DBO 技术的研发改进方向，在提高量测精准度和量测速度的同时，于设备方面，可考虑提高稳定性、结构小型化以及降低成本，改进宽光谱多波长套刻量测，优化高数值孔径、高角分辨率的衍射成像系统，改善套刻标记的加工工艺和形貌参数等；于软件方面，考虑优化计算方法，利用大数据分析和机器学习进行误差检测和参数优化，改善计算模型、提高计算速率以及降低数据处理成本。

适用于先进制程的 X 射线光源在套刻误差量测领域的申请量目前还较少，中国申请人可加强在该领域的专利布局，研发 X 射线光源的改进方案，并且围绕 X 射线光源在量测系统和计量方法方面进行改进，避免国外申请人在 X 射线光源形成高专利壁垒。

第4章　面向先进制程的检测重点技术

半导体检测细分为掩模板缺陷检测和晶圆缺陷检测两种。为了了解面向先进制程的检测技术的发展情况，本章将从专利文献出发，分别对掩模板缺陷检测和晶圆缺陷检测技术进行详细分析。

4.1　掩模板缺陷检测

4.1.1　专利申请趋势

4.1.1.1　全球及中国专利申请趋势

图4-1-1示出了掩模板缺陷检测领域全球和中国的专利申请量趋势。从全球申请量趋势来看，在1981年以前，专利申请量非常低，在这期间，仅有少数申请人在进行试探性的研究，并没有连续专利申请的情况出现，申请人并未进行连续性的研发。1982—2002年，专利申请量迎来了爆发式增长，从1982年的5项增长到2002年最高的99项，这个阶段也正是半导体集成电路快速发展的阶段。在经历了快速发展后，2002—2007年，专利申请量保持在高位上振荡。2007年后，专利申请量开始快速下降，在2011—2015年有过小幅反弹，但没有停止下降的趋势，直到从2018年开始，专利申请量才再次快速上升。而从中国申请量趋势来看，从1996年开始，中国才逐步出现相关申请，但申请量一直不高，直到2018年以后，申请开始迅速增长，这也是全球申请量从2018年开始出现二次增长的一个重要原因。

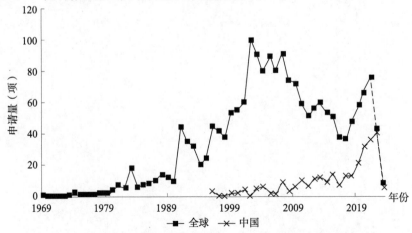

图4-1-1　掩模板缺陷检测领域全球和中国专利申请趋势

为了找出掩模板缺陷检测技术全球申请量在 2007 年后快速下降的原因，对掩模板缺陷检测领域前十名重要申请人的专利申请量以及全球申请人数量的变化趋势进行了分析，具体如图 4-1-2 所示。2007 年以后，无论是重要申请人的申请量还是全球申请人数量，下降趋势和全球申请量的下降趋势总体上是基本一致的，这也证明在经历了前期的快速发展后，当前的掩模板缺陷检测技术已经比较成熟，已足够满足当前工艺节点的缺陷检测需要。因此，无论是重要申请人的研发力度还是参与研发的申请人数量，均在快速下降。另外，掩模板缺陷检测按所检测的掩模板类型可划分为普通掩模板缺陷检测、DUV 掩模板缺陷检测、EUV 掩模板缺陷检测，从图 4-1-3 示出的掩模板缺陷检测各技术分支的专利申请趋势来看，申请量的快速下降发生在普通掩模板缺陷检测上，即普通掩模板的发展已濒临饱和，需要随先进制程的发展，开拓更精细掩模板缺陷检测技术的研究。还可以看出，DUV 掩模板缺陷检测的总体申请量不高，但在普通掩模板缺陷检测的专利申请量迅速下降的同时，EUV 掩模板缺陷检测技术的专利申请量在 2007—2011 年迎来了第一次上升，之后虽然经历了调整性的下降，但从 2017 年后又再次上升，这次上升也是全球申请量在 2018 年开始出现二次增长的另一个原因。可以预期，在如今芯片工艺推向 7nm 及以下时，EUV 掩模板及其缺陷检测技术必然会吸引更多人的注意和研究。

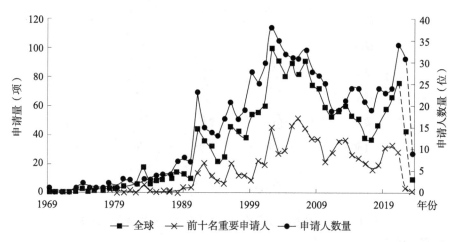

图 4-1-2　掩模板缺陷检测领域全球、重要申请人的专利申请量以及申请人数量的变化趋势

4.1.1.2　专利申请区域分布

（1）申请国家分布整体情况

图 4-1-4 示出了掩模板缺陷检测各技术分支专利申请国家分布。截至检索日，在普通掩模板缺陷检测分支中，日本的申请量高达 762 项，远高于其他国家，第二梯队中，中国、美国和韩国的申请量分别为 234、193、143 项，也具备不俗的技术和专利储备，另外德国 38 项，荷兰 5 项。DUV 掩模板缺陷检测分支的申请量相对较少，前两名的日本和美国分别只有 74 项和 51 项，其他国家均只是涉及很少量的专利申请。对于新兴的分支 EUV 掩模板缺陷检测，日本和美国占据一定的优势，申请量分别达到了

106 项和 61 项，这与日本和美国在 EUV 掩模板检测设备领域的领先地位是一致的，但与普通掩模板缺陷检测分支各国差距巨大不同，韩国、中国、德国、荷兰等国申请量虽然落后于日本、美国两国，但从申请量上来看差距并不太大，有追赶的空间。

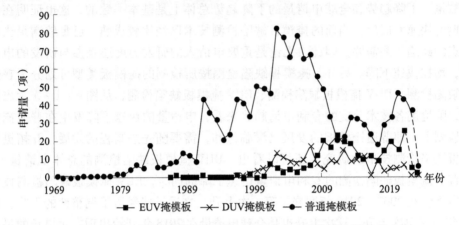

图 4-1-3　掩模板缺陷检测领域各技术分支的专利申请趋势

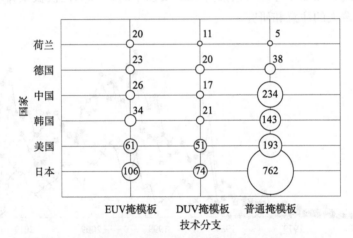

图 4-1-4　掩模板缺陷检测各技术分支专利申请国家分布

注：图中数字表示专利申请量，单位为项。

（2）在华申请国别分布

图 4-1-5 示出了掩模板缺陷检测领域主要国家在华专利申请情况。从申请总量来看，中国最多，其他国家均远低于中国，相对于其他主要国家的全球申请总量而言，各国在华的专利布局比例相对较低，例如日本、美国、韩国各只有 6.79%、17.38%、13.13%。而从目前为授权状态的有效专利来看，美国的有效专利占比最高，达到 79.25%；其次是德国、中国和日本，有效专利占比分别为 57.14%、48.89% 和 43.75%；其他主要国家的有效专利占比则较低。

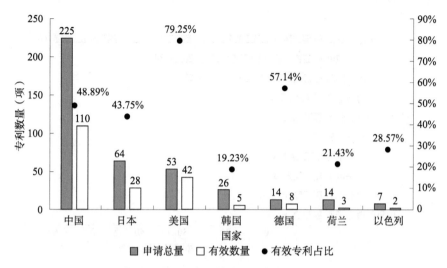

图4-1-5 掩模板缺陷检测领域主要国家在华专利申请情况

4.1.1.3 主要申请人

（1）申请人排名

图4-1-6示出了掩模板缺陷检测领域全球申请人排名。在全球范围内，掩模板缺陷检测领域的专利申请人绝大多数为国外企业。在排名前20的企业中，仅有3家来自中国，且分别排在第九名（御微半导体）、第16名（台积电）和第19名（中芯国际）。而从区域来看，日本企业最多，达到12家，中国3家，美国和韩国各2家，德国1家。而从申请量上来看，国外企业的申请量也远超我国企业的申请量。从图4-1-7示出的中国申请人排名来看，除了排名前三的御微半导体（60件）、台积电（34件）和中芯国际（27件），其他国内企业的申请量均未超过10件，国内在掩模板缺陷检测领域深入研究的企业较少。

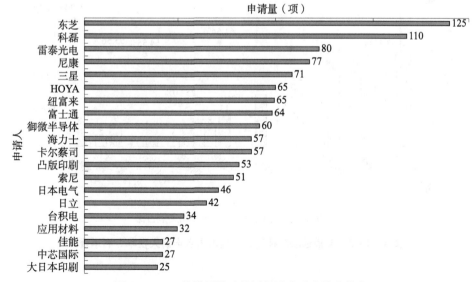

图4-1-6 掩模板缺陷检测领域全球申请人排名

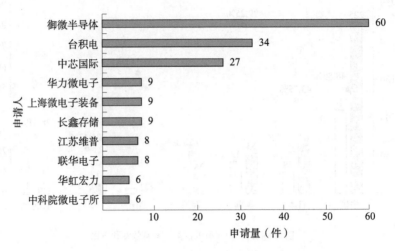

图 4-1-7　掩模板缺陷检测领域中国申请人排名

（2）重点申请人在华专利

图 4-1-8 示出了掩模板缺陷检测领域全球重点申请人在华专利申请情况。从申请总量来看，最多的为御微半导体，申请量和有效专利数量分别为 60 项和 32 项，有效专利占比为 53.33%；第二至第五名的申请量差距不明显，分别为科磊（33 项）、HOYA（30 项）、中芯国际（26 项）以及三星电子（22 项），但从有效专利来看，则差距较大，科磊的有效专利占比为 93.94%，几乎所有的专利均维持有效，这也从侧面反映了科磊在华布局专利的质量非常之高；而三星电子的有效专利占比则较低，只有18.18%；中芯国际和 HOYA 则超过一半，分别为 57.69% 和 50.00%。至于其他申请人，由于申请总量低，即使有效专利占比高，其有效专利数量也很少。

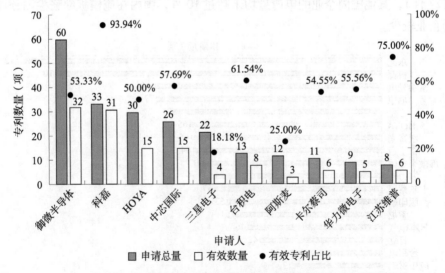

图 4-1-8　掩模板缺陷检测领域全球重点申请人在华专利申请

4.1.2　DUV 掩模板缺陷检测

随着半导体行业按照摩尔定律不断发展，制程也从微米量级不断地缩小到纳米量级，先进制程意味着更复杂、更精细的图案。随着光刻技术进阶到 DUV 波段，甚至是 EUV 波段，DUV 和 EUV 掩模板缺陷检测技术也逐渐发展起来。图 4 - 1 - 9 示出了掩模板缺陷检测领域各技术分支全球申请量占比变化情况。从图中可以看出，DUV 掩模板缺陷检测和 EUV 掩模板缺陷检测几乎在同时期开始发展起来，EUV 掩模板缺陷检测从 2005 年开始申请量占比迅速提高，相较而言，DUV 掩模板缺陷检测占比变化不大，申请量也一直维持在较低的水平。由此来看，随着集成电路技术的快速发展，制程工艺更新换代的速度也越来越快，光刻工艺已迅速进入 EUV 波段，对于掩模板缺陷检测技术而言，也从普通掩模板缺陷检测技术迅速过渡到 EUV 掩模板缺陷检测技术。

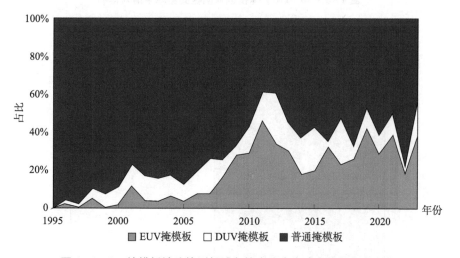

图 4 - 1 - 9　掩模板缺陷检测领域各技术分支全球申请量占比变化

图 4 - 1 - 10 示出了 DUV 掩模板缺陷检测全球申请人排名。从图中可以看出，科磊在 DUV 掩模板缺陷检测领域的申请量最高，但也仅有 27 项；至于其他申请人，申请量均未达到 20 项，而目前光学掩模板缺陷检测设备市场份额最高的雷泰光电（Laser tec）更是只有 5 项，雷泰光电并未在 DUV 掩模板缺陷检测这个过渡技术分支上投入过多的研发精力。

图 4 - 1 - 11 示出了 DUV 掩模板缺陷检测的技术分支构成。DUV 掩模板缺陷检测技术的申请总量为 194 件，其中，DUV 掩模板缺陷检测的研究主要集中在算法和光路两个分支，所占比例分别是 45.4% 和 38.7%，而其他分支的研究较少。

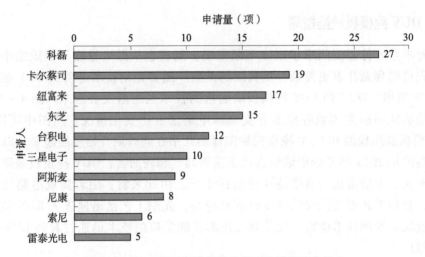

图4-1-10　DUV 掩模板缺陷检测全球申请人排名

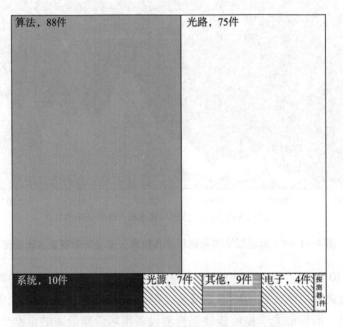

图4-1-11　DUV 掩模板缺陷检测技术分支构成

在芯片工艺推向 14nm，甚至是 7nm 及以下后，DUV 光刻的多重曝光将在对齐和成本上面临巨大调整，而 EUV 光刻目前来看是最佳选择。然而，相对于 DUV 掩模板而言，配套 EUV 光刻工艺的 EUV 掩模板的图案更加精细，需检测缺陷的量级也缩减到数十纳米量级，这对检测灵敏度、精度和检测效率提出了更高的要求。另外，薄保护膜的存在以及 EUV 掩模板特有的反射设计也使得缺陷检测变得更加复杂。因此，对于面向先进制程的掩模板缺陷检测来说，EUV 掩模板缺陷检测必然是重中之重，后续将重点对 EUV 掩模板缺陷检测技术进行分析。

4.1.3　EUV 掩模板缺陷检测

4.1.3.1　整体申请情况

图 4 - 1 - 12 示出了 EUV 掩模板缺陷检测全球申请人排名。在 EUV 掩模板缺陷检测设备领域，日本的雷泰光电和美国的科磊是当之无愧的两大巨头，而从专利申请量来看也是如此，雷泰光电和科磊分别排在第一和第二位，申请量分别为 39 项和 35 项，其他申请人的申请量远低于这两家公司的申请量，均未超过 20 项，雷泰光电和科磊无论从市场份额还是专利布局上，优势都非常明显。另外，前十名申请人中，中国仅有台积电排在第八位，且申请量仅有 10 项，国内在 EUV 掩模板缺陷检测上远远落后于国外。

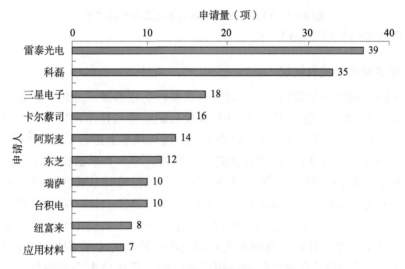

图 4 - 1 - 12　EUV 掩模板缺陷检测全球申请人排名

4.1.3.2　技术布局情况

图 4 - 1 - 13 示出了 EUV 掩模板缺陷检测技术功效图。可以看出，改进光路和后处理算法的专利申请最多，提高检测的灵敏度、精度是 EUV 掩模板缺陷检测最主要的研究热点，专利布局非常集中；另外，提高吞吐量（即检测速度）、设备的便捷性和稳定性也获得了较多的关注。对于 EUV 掩模板缺陷检测来说，由于需要检测的缺陷的物理尺度很小，提高检测设备的分辨率就成为最重要的研究方向，提高分辨率包括提高灵敏度以提高检测更小尺寸缺陷能力以及提高精度以提高缺陷检测的准确性两个方面，并且成本也是不得不考虑的方面，提高吞吐量（即提高检测速度）也是关注的热点。

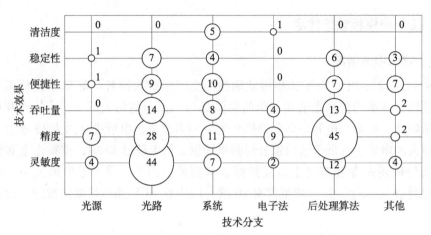

图 4 - 1 - 13　EUV 掩模板缺陷检测技术功效图

注：图中数字表示专利申请量，单位为项。

4.1.3.3　重点技术及发展情况

　　通过对 EUV 掩模板缺陷检测的全球专利数据样本进行技术分析，在各分支内厘清技术之间的关联及发展情况，梳理了 EUV 掩模板缺陷检测技术发展路线。另外，对于光学法中布局了较多专利的光路这个热点分支，也从技术上进行了进一步的细分梳理。如图 4 - 1 - 14 所示，在 EUV 掩模板缺陷检测的研究中，光学法检测是主要的研究方向，电子法检测研究相对较少；而光学法检测中，光路设计从梳理情况来看，主要可分为分束、聚光、调焦、切换等几个主要的细分技术路线。分束是将检测光通过分束元件分成多束光，通过多束光分别进行检测以能够检测不同类型的缺陷，雷泰光电在2002 年就提出了通过反射光分束的方式来识别凹凸缺陷的专利 JP4325909B2，在此专利的基础上，后续分别从分视野检测缩短检测时间、优化分束光光路及偏振态来提高检测精度上对分束光检测技术进行改进。聚光是利用能够汇聚检测光的聚光光学系统来提高检测光的利用率，进而提高检测灵敏度和速度。2001 年，NAT INST OF ADV IND SCI 在专利 JP3728495B2 中首次将施瓦兹聚光系统用于 EUV 掩模板缺陷检测，雷泰光电在发现该技术的优势后，也将其作为核心技术进行改进，形成了以施瓦兹聚光系统为核心光路的发展路线。调焦是通过准确聚焦以准确观察微小缺陷的形状，切换则是通过不同视场光阑和分束器等光学部件的切换实现不同类型掩模板的检测以及提高检测精度。这两个分支的研究相对分束和聚光来说开始得较晚，而且从研究深度上来看也不如分束和聚光，可以视作光路设计中的两个支线。另外，从 EUV 掩模板缺陷检测技术发展路线的梳理来看，雷泰光电的专利占据很大比例，特别是在光学法检测的光路分支部分。

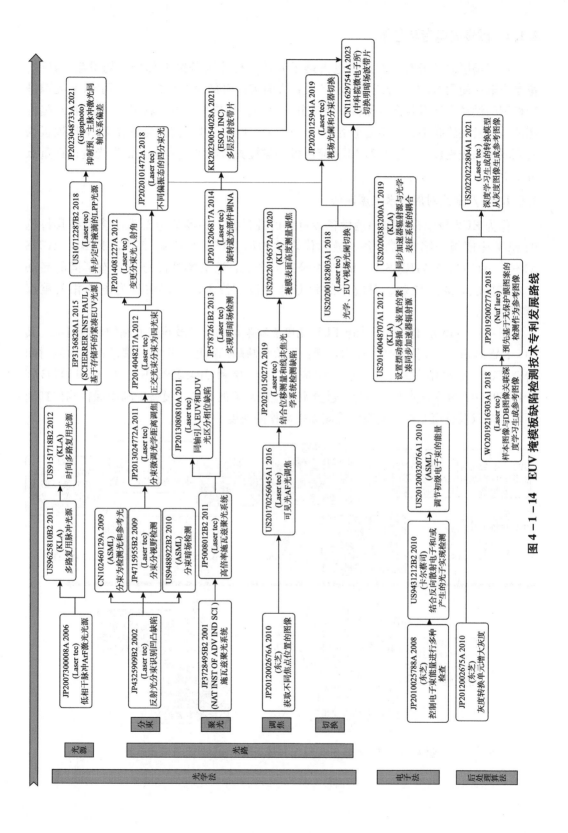

图 4-1-14 EUV 掩模版缺陷检测技术专利发展路线

4.1.4 雷泰光电专利分析

从市场层面上来看，雷泰光电占据了光学法检测设备绝大部分市场份额，其中，雷泰光电在使用 EUV 光源进行检测的设备方面市场份额为 100%，而使用 DUV 光源进行检测的设备也被雷泰光电和科磊所瓜分。另外，从技术上看，在 EUV 掩模板缺陷检测的技术发展路线中，雷泰光电的专利占据很大比例，可见雷泰光电在 EUV 掩模板缺陷领域的领先地位。接下来对 EUV 掩模板缺陷检测领域重点申请人雷泰光电进行重点分析。

4.1.4.1 产品及对应技术发展路线

作为 EUV 掩模板缺陷检测设备最重要的提供商，雷泰光电开发了多款各具特色的 EUV 掩模板缺陷检测设备，最具代表性的如 BASIC Series、ABICS E120、ACTIS A150、MZ100、MATRICS X - ULTRA 等系列产品，这五类产品分别具有不同的亮点技术和功能。通过梳理、对应产品和专利的核心技术，获得雷泰光电的相关重点专利。

图 4 - 1 - 15 示出了雷泰光电 EUV 掩模板缺陷检测产品及重点专利的对应情况。其中，BASIC Series 宣传的亮点技术包括：可检测缺陷的高度、设备的清洁以及检测时间符合 EUV 光刻中的生产要求，对应的重点专利 JP4325909B2、JP2010139593A、JP4715955B2 的核心技术分别为通过分束光检测缺陷的高度、设备中利用保护构件抑制颗粒掉落以及分束光在不同视野检测以提高检测速度。

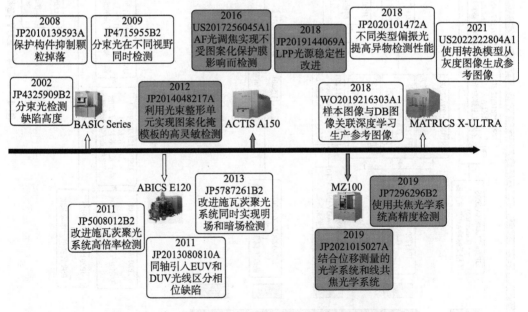

图 4 - 1 - 15　雷泰光电 EUV 掩模板缺陷检测产品及重点专利

ABICS E120 宣传的亮点技术包括：高倍率、高精度捕捉缺陷，高灵敏度检测 Mo/Si 多层膜内部的相位缺陷以及可分别通过明场和暗场检测进行缺陷分析，对应的重点专利 JP5008012B2、JP2013080810A、JP5785261B2 的核心技术分别为改进施瓦茨聚光系统构建具有数百倍高放大率的放大光学系统、同轴引入 EUV 和 DUV 光线以区分出相位缺陷以及改进施瓦茨聚光系统同时实现明和暗场检测。

ACTIS A150 是世界第一款可以使用 13.5nm EUV 光源对已经图案化的 EUV 掩模板进行缺陷检测的光学缺陷检测设备，其亮点技术在于：13.5nmEUV 光源以及已经图案化的 EUV 掩模板的高灵敏度缺陷检测，专利 JP2014048217A、US2017256045A1 均是针对图案化的 EUV 掩模板，分别为利用光束整形实现图案化 EUV 掩模板的高灵敏度检测以及通过特定波长的 AF 光调焦来避免检测中图案化保护膜的影响。另外，专利 JP2019144069A 的核心技术则是 LPP 光源稳定性的改进。

MZ100 宣传的亮点技术在于共焦光学提供高灵敏度检测和高精度量测，对应的重点专利 JP2021015027A、JP7296296B2 的核心技术分别为结合位移测量的光学系统和线共焦光学系统来检测缺陷的位置，以及使用共焦光学系统实现高精度检测。

MATRICS X-ULTRA 通过不同类型的偏振光、特别的参考图像的设置实现检测性能的提高，专利 JP2020101472A 的核心技术为利用不同类型的偏振光提高异物检测性能，专利 WO2019216303A1、US2022222804A1 均是涉及参考图像的特殊生成方式。

除上面梳理的重点专利外，在相应的核心分支上雷泰光电还布局了相关专利。图 4-1-16 示出了雷泰光电 EUV 掩模板缺陷检测专利布局。如图所示，雷泰光电在相应核心分支上均布局了专利，特别是在光路分支，围绕光路分支中分束、聚光、调焦、切换、浸液等几个核心技术布置了一定量的核心专利。但总体来说，光路分支中围绕各核心技术布局的专利数量不多，各核心技术有进一步挖掘和布局的空间。

4.1.4.2　专利布局策略

图 4-1-17 示出了雷泰光电专利区域分布情况。从图中可以看出，整体上，雷泰光电的专利申请主要集中在日本和美国，在其他国家和地区几乎没有专利布局，从专利区域布局情况来看，雷泰光电除了科磊所在的美国，并不重视其他国家和区域。特别对于我国创新主体来说，由于雷泰光电在中国仅有一件专利，现阶段可以充分借鉴其相关核心技术，参考甚至是复刻其技术发展路径，优先将 EUV 掩模板缺陷检测设备攻克下来，再图进一步的改进和发展，同时围绕其核心技术进行专利布局。

从相关的专利布局可以看出，作为 EUV 掩模板缺陷检测领域的领军者，雷泰光电的技术优势，或者说研发重心是放在光路设计上；而从技术门槛的角度来看，相较于其他分支而言，光路设计的确是进入 EUV 掩模板缺陷检测领域最合适的切入点。基于此，对雷泰光电光路设计分支的专利进行了详细梳理，得到如图 4-1-18 所示的雷泰光电光路分支的技术发展路径。从图中可以看出，从提高检测灵敏度、精度以及速度的目标出发，雷泰光电光路分支的技术发展主要有两条主要路径：第一条是通过施瓦茨聚光系统提高检测光的利用率，进而提高检测灵敏度和速度；第二条是通过分束光检测来实现不同类型缺陷的检测。在这两条技术发展主线上，还形成了几条支线，如施瓦茨聚光系统在进一步通过调焦、检测系统的改进来分别提高检测精度和检测系统的稳定性；在分束光检测的基础上进一步通过偏振分束光来提高对比度，以提高检测精度，通过切换实现多模式检测。

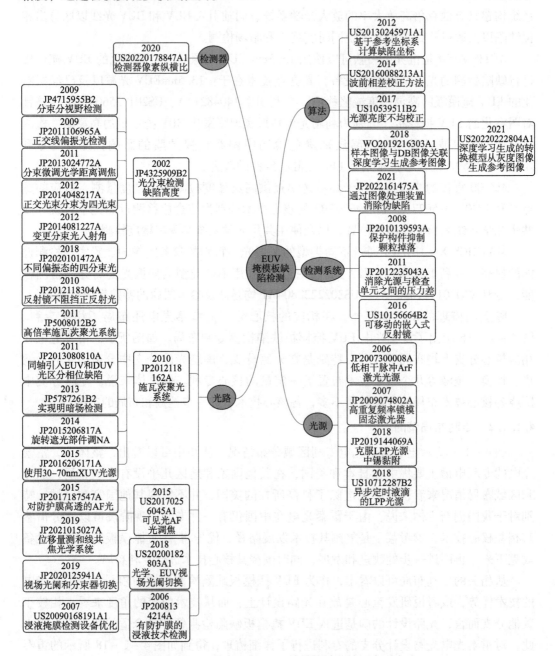

图 4 - 1 - 16　雷泰光电 EUV 掩模板缺陷检测专利布局

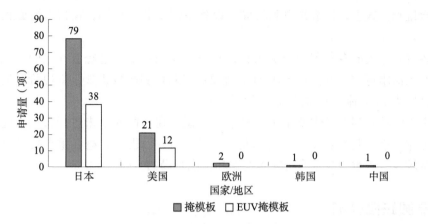

图 4 – 1 – 17 雷泰光电专利区域分布情况

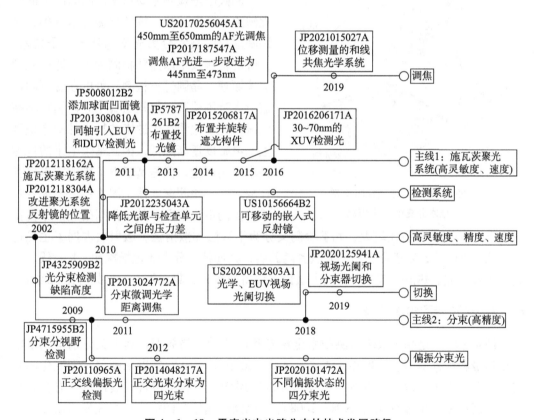

图 4 – 1 – 18 雷泰光电光路分支的技术发展路径

4.1.5 小 结

作为半导体量检测最重要的分支之一，掩模板缺陷检测发展非常迅速，对应于先进制程，已经快速地过渡到 EUV 掩模板缺陷检测。然而，对于 EUV 掩模板缺陷检测而言，目前仅少数国外申请人开展了研究，雷泰光电、科磊是其中的佼佼者。特别在主流的光学检测方式上，雷泰光电和科磊的设备不仅垄断了市场，在技术层面也处于绝对领先。

从各技术分支的专利布局情况来看，光路分支在技术上已经有一定的积累，且技术发展路径清晰可供参考。对于在 EUV 掩模板缺陷检测领域仍处于空白阶段的中国来说，适合作为 EUV 掩模板缺陷检测研究的切入点。

雷泰光电的专利布局主要集中在日本和美国，在中国几乎未进行布局，现阶段国内创新主体可借鉴其重点技术及技术发展路径。另外，雷泰光电在重点技术上布局的专利数量较少，各重点技术有进一步挖掘和包绕布局的空间。

4.2 晶圆缺陷检测

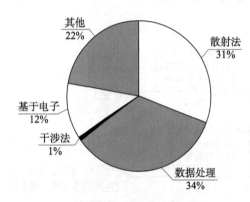

图 4 - 2 - 1 晶圆缺陷检测
技术分支的占比情况

晶圆缺陷检测主要用于检测晶圆上的物理缺陷和图案缺陷。按照检测技术分类，晶圆缺陷检测技术分为光学和基于电子技术。传统的检测技术以光学检测为主，通过光学成像原理对晶圆进行检测，可以在短时间内进行大范围检测。但是随着半导体制程不断缩减，光学检测在先进工艺技术的图像识别上的灵敏度逐渐降低，因此基于电子的检测技术应用而生，但是基于电子检测技术也存在缺点——检测速度慢。图 4 - 2 - 1 为各技术分支的占比情况，其中数据处理部分占据了 34%，光学检测占比较大，光学检测又分为干涉法和散射法，散射法占据了主导地位（占比 31%），基于电子检测方法紧随其后；其他技术分支还包括探针、X 射线、衍射、光致发光、热成像等多种检测方法以及设备的运动、集成等方面，共占比 22%。

4.2.1 全球专利申请趋势

图 4 - 2 - 2 是晶圆缺陷检测技术全球专利申请量的趋势图，其中又分别呈现了国内申请量和国外申请量的趋势，清楚地显示了该领域自 1976 年以来随着时间变化的趋势。从图中看出，1976—1993 年为技术缓慢发展期，专利申请量呈缓慢增长态势，每年的申请量都没超过 50 项。1994—2008 年是晶圆缺陷检测的第一个快速发展阶段，专利申请量大幅增长。2009—2015 年，申请量在下降后进入一个平稳期，原因在于 2008 年金融危机的影响。在 2016 年后申请量又开始上升，可以看出这是由在中国的申请量开始显著上升导致的。其中 2021 年之后由于部分专利还没有公开，所以数据存在部分缺失，数据量突降。

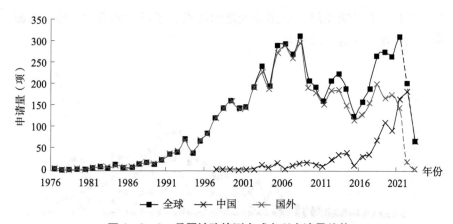

图 4 - 2 - 2　晶圆缺陷检测全球专利申请量趋势

图 4 - 2 - 3 为晶圆缺陷检测全球专利技术生命周期图，从申请人数量和专利申请量随年份变化的情况来看，晶圆缺陷检测技术的全球发展有明显的发展平稳期，在2008 年前处于稳定上升阶段；而在 2008 年后不仅申请人在下降，同时申请量的数量也在下降，可见 2008 年的金融危机影响之大。在 2015 年之后申请人数量开始增加，同时申请量也开始上涨，迎来第二次上升期。

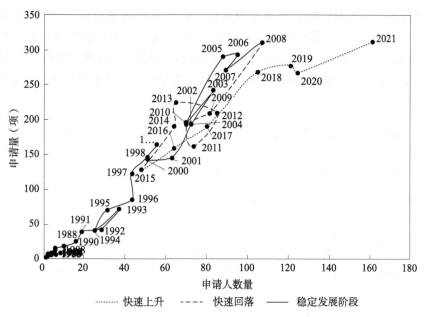

图 4 - 2 - 3　晶圆缺陷检测全球专利技术生命周期图

由于 2015 年之后申请量开始第二次上升期，所以分析了晶圆缺陷检测领域技术分支的申请量趋势。从图 4 - 2 - 4 中可以看出，干涉法的申请少量且处于平稳；基于电子和散射法的申请是在 2005—2008 年有一个申请量高峰，在 2008 年之后趋于平稳，2016 年之后又有一个申请量的小增长；而数据处理的申请在 2016 年之后呈迅速增长的趋势。可见，2016 年之后的全球申请量升高，一方面，是由于对数据处理的研究开始增多，计算机技术的迅速发展对于图像处理的技术有了很大的增益；另一方面，是由于中国申请人开始加大这方面研究。

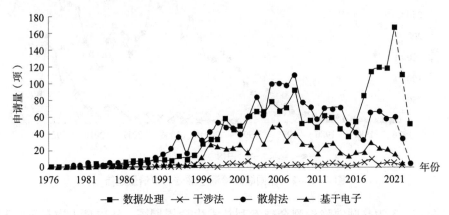

图4-2-4 晶圆缺陷检测各个技术分支的全球申请量趋势图

图4-2-5反映了各主要国家/地区之间晶圆缺陷检测技术相关专利申请的技术输入输出情况，能够反映出世界范围内技术和市场的占比关系。申请人所属国家/地区能够反映主要技术来源地，在哪个国家/地区进行专利申请能反映现在或未来的主要应用市场。美国和日本作为前两名的技术来源国，在全世界各主要国家/地区都有技术输出。相反地，中国的申请量总体不高，向其他国家/地区的布局也很少。可以看出，中国在晶圆缺陷检测领域还属于追赶日本和美国的技术阶段。与重点申请人分布中得到的结论一致，美国和日本在晶圆缺陷检测领域占主导地位，其中以科磊和日立为主。

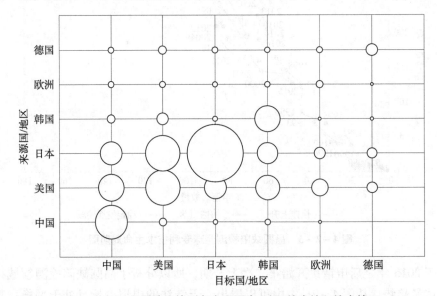

图4-2-5 晶圆缺陷检测各主要国家/地区技术输入输出情况

注：图中气泡大小表示申请量的多少。

图4-2-6显示了晶圆缺陷检测领域专利申请量排名前十位的申请人以及各自的

专利申请量。专利申请量排名前十位的申请人为日立、科磊、三星、尼康、中科飞测、东芝、奥林巴斯株式会社、应用材料、上海华力微电子、株式会社斯库林集团，分别来自日本、美国、韩国、中国。

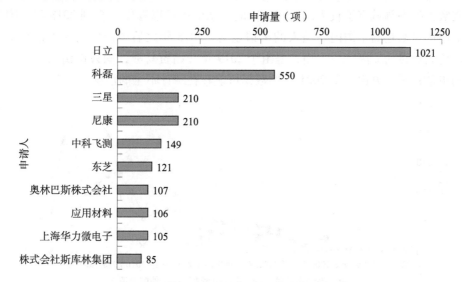

图 4 - 2 - 6　晶圆缺陷检测全球重点申请人排名

图 4 - 2 - 7 为排名前两位的日立和科磊在技术分支的申请量对比图。日立在各个技术分支的申请量均优于科磊，尤其是基于电子的检测领域明显高于科磊。日立从 20 世纪 80 年代初期开始布局，而且是在各个领域均匀发力，均有布局，在晶圆缺陷检测领域享有领导地位；科磊同样是从 20 世纪 80 年代开始布局，但是其布局的密度没有日立密集，同时其注重在光学检测领域的布局。

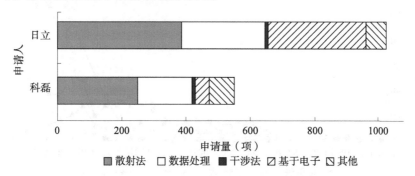

图 4 - 2 - 7　科磊和日立在技术分支的申请量对比图

4.2.2　中国专利申请趋势

图 4 - 2 - 8 为晶圆缺陷检测在华专利申请的趋势图，图 4 - 2 - 9 为晶圆缺陷检测各个技术分支的在华申请量趋势图。从图 4 - 2 - 8 中可以看出，在晶圆缺陷检测领域，中国从 1997 年开始进入缓慢的发展期，一直到 2015 年后才逐渐进入快速发展阶段。在

快速发展阶段，发展最迅速的是技术分支数据处理，而由图4-2-1可知，其中数据处理领域占比34%，可见数据处理领域发展迅速。造成上述发展趋势的原因，一方面是由于中国在晶圆缺陷检测领域起步较晚；另一方面是由于计算机软件的发展迅速，所以在数据处理领域有了较大的提升。同时，从图中可以看出一直到2018年，国外申请人的申请量都是高于国内申请人的申请量的。2018年之后国内申请人申请数量高于国外申请人数量的原因，一方面，是由于2019年开始贸易战，国外申请人开始减少在中国的申请；另一方面，是2021年的数据可能存在统计不全的情况。

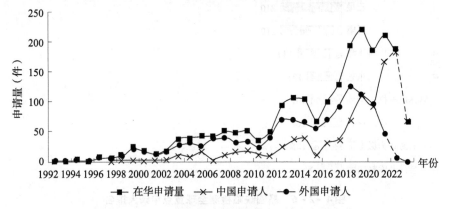

图4-2-8　晶圆缺陷检测在华专利申请趋势图

图4-2-9显示技术分支数据处理领域的申请量在2015年后大幅增长，其余领域只有小幅增长。可以看出国内关注方面重点还是在算法，对于检测设备本身研究的关注不够，仍需要继续追赶。

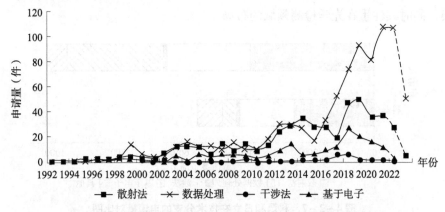

图4-2-9　晶圆缺陷检测各个技术分支的在华申请量趋势图

从图4-2-10可以看出，中国申请人的数量和专利申请量大体稳步上升，在2015年之后迅速增长，说明晶圆缺陷检测领域对中国行业的吸引较大。究其原因，一是"十四五"计划以来中国大力发展芯片制造领域，同时中国有着多个芯片制造厂商，对晶圆检测领域有着强烈的需求；二是国外掌握着大部分核心技术，贸易战以来中国急需晶圆缺陷检测领域的国产化替代，所以有很多公司涌入。

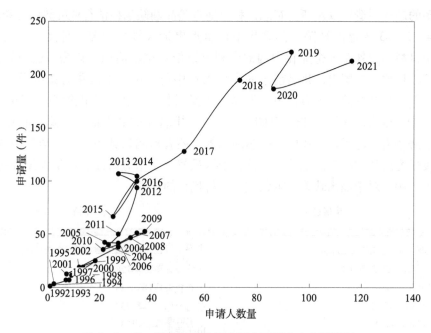

图 4 – 2 – 10 晶圆缺陷检测中国专利技术生命周期图

图 4 – 2 –11 显示了晶圆缺陷检测领域在华专利申请的主要来源国和地区。晶圆缺陷检测中国专利申请最主要的外国来源为美国，占比为 25%。其次依次为日本、韩国和欧洲。美国拥有晶圆缺陷检测的大型企业科磊和应用材料，日本有日立这种代表性企业。这些大型企业在 1990 年以后逐步进入中国市场，是中国晶圆检测机台的主要供应厂商，并且掌握了该领域的核心技术，是该行业相关专利的主要申请人。

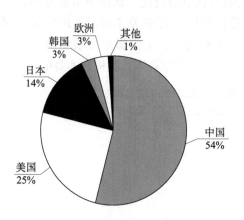

图 4 – 2 –11 晶圆缺陷检测在华专利技术的来源国和地区

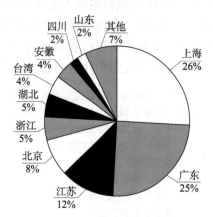

图 4 – 2 –12 晶圆缺陷检测中国各省份专利申请的分布情况

图 4 – 2 –12 为晶圆缺陷检测中国各省份专利申请的分布情况，从申请量地域分布图可以看出，中国申请量最高的区域为上海，广东和江苏紧随其后，北京、浙江、湖北依次排在第四到六位。由此可见，东部沿海地区是中国经济发展的传统优势地区，

具有较多的芯片制造厂以及研究基地，相应地也是晶圆缺陷检测行业的热门分布地。

图4-2-13为晶圆缺陷检测在华申请重点申请人排名情况。科磊、日立、阿斯麦、应用材料等国外龙头企业在中国的专利申请依然位居前列，科磊遥遥领先，在中国处于垄断地位。在国内，排名前十的申请人有中科飞测、上海华力微电子、中芯国际、台积电、长鑫存储、上海微电子装备、力晶科技、中国科学院微电子研究所（以下简称"中科院微电子"）、长江存储、京东方。排名靠前的申请人主要有芯片制造公司，如上海华力微电子、台积电、中芯国际等，还有检测领域的相关公司如中科飞测，还有高校研究所如中科院微电子。可见，中国虽然处于追赶阶段，但是大家齐头并进，共同发力，中国对于晶圆缺陷检测领域国产替代化的重视。

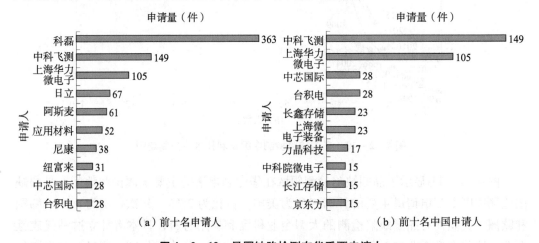

（a）前十名申请人 （b）前十名中国申请人

图4-2-13 晶圆缺陷检测在华重要申请人

图4-2-14为国内申请人在技术分支的专利申请情况。从图中可以看出，上海华力微电子、台积电、长鑫存储、京东方等芯片制造商更多关注数据处理领域，即更多关注如何利用检测机台进行检测的方法。而中科飞测、上海微电子装备属于检测设备制造公司，更多关注散射法检测领域，因此其重点关注具体检测机台本身的进步。

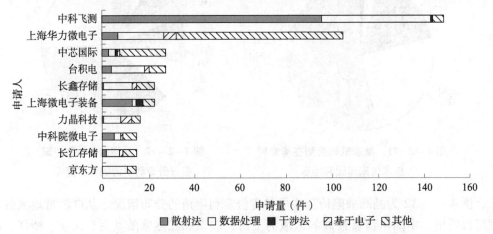

图4-2-14 国内申请人在晶圆缺陷检测各技术分支的申请量对比图

4.2.3　散射法晶圆缺陷检测

由于光学检测的检测速度较快,在半导体制造产线上应用很广,而光学检测中散射法又占据了重要的地位。通过分析晶圆缺陷检测全球重点申请人排名以及中国重要申请人可知,日立和科磊是全球的重要申请人,通过分析两者专利申请分布可知,散射法晶圆缺陷检测领域是都重点关注的领域。同时,对比科磊、日立以及中科飞测的散射法晶圆缺陷检测的产品可以看出,科磊和日立产品的应用节点到达了 <10nm,而中科飞测产品的应用节点≥2Xnm,可见国内在散射法晶圆缺陷检测领域的研究和产品与国外相比还有很大的差距,尤其是在先进制程的晶圆缺陷检测领域,国内几乎为空白,所以下文中将着重研究散射法。同时,根据上文描述可知,近年来算法的申请数据在突飞猛进地增长,也是中国申请中占比较大的部分,可能作为一个突破点,所以下文中也将对算法进行研究。

4.2.3.1　整体申请情况

散射法分为明场散射检测和暗场散射检测。从图 4 - 2 - 15 可以看出散射法的全球申请趋势,在 2008 年有一个申请高峰,之后的申请趋势下降,明场散射和暗场散射的申请趋势与总量趋势相同。

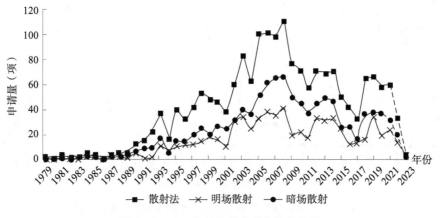

图 4 - 2 - 15　散射法的全球申请趋势图

参见图 4 - 2 - 16,从在华申请趋势可以看出中国的申请量高峰在 2014 有第一个申请高峰,在 2019 年有第二个申请高峰,总体要比全球晚。

从图 4 - 2 - 17 可以看出,散射法在华历年申请总和中,外国申请比例占 60%,同时也可以看出在 2021 年中国申请人的申请比例才开始超过国外申请人的申请比例。由此可以看出关于散射法在华申请,国外申请人布局较早,同时数量上来看壁垒已经形成,国内也从 2010 年以后开始逐步增加投入。

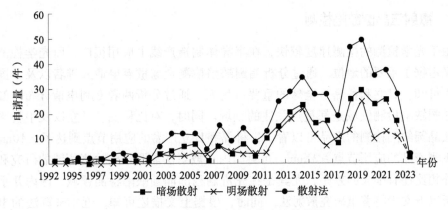

图 4 - 2 - 16　散射法的在华申请趋势图

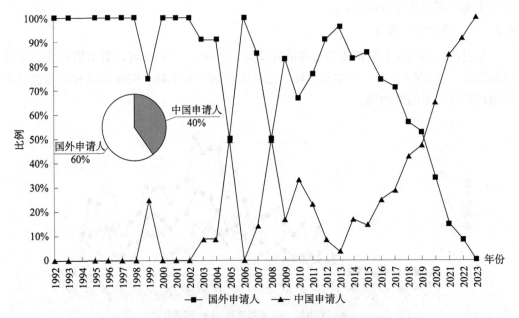

图 4 - 2 - 17　散射法在华申请的国内申请人和国外申请人比例

前面所说的在华申请中，国外申请人数量占据主要地位，结合图 4 - 2 - 18 可以看出在华申请中最主要的国外申请人为科磊。可见国内申请人想要在散射法晶圆缺陷检测中取得突破，科磊是一个需要重点考虑的对象。

从图 4 - 2 - 19 可以看出研究光路和算法的占大多数，而研究光源和探测器的为少数，这也可以理解，因为光路研究和算法研究相比光源和探测器门槛更低，更容易突破。（注意：这里的计数方式中对于给了明场散射和暗场散射两个标签的专利，在计数时都分别计数。）

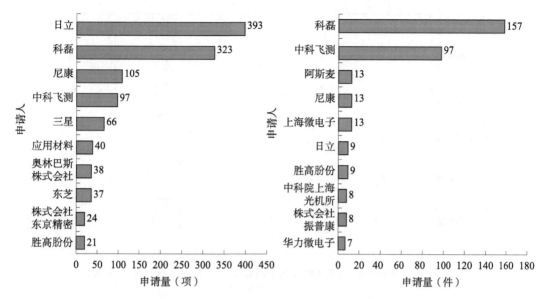

图 4 - 2 - 18　散射法全球申请的前十申请人和在华申请的前十申请人对比

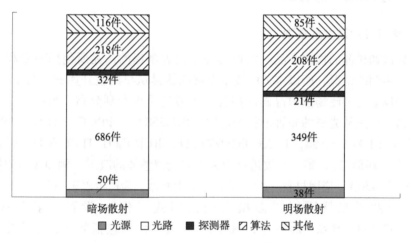

图 4 - 2 - 19　散射法的技术构成图

4.2.3.2　技术布局情况

对于散射法的四级技术分支的技术功效分布作了进一步的研究，从图 4 - 2 - 20 中可以看出在光源和探测器的研究过程中对于灵敏度和量测精度的关注更多，在对光路的研究过程中最关注的是量测精度，其次为灵敏度，接下来为吞吐量和可靠性，对于小型化同样有关注，但不是研究的重点。综上，在晶圆缺陷检测领域更多关注量测精度和灵敏度的改进。

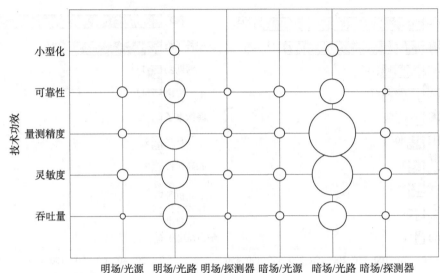

图 4 - 2 - 20　四级技术分支技术功效分布图

注：图中气泡大小表示申请量的多少。

4.2.3.3　重点技术及发展情况

在研究例如科磊的检测产品时发现其关于先进制程的产品所使用的专利技术存在需要追溯到早期的情况，所以本节的技术发展路线是从早期就开始的。图 4 - 2 - 21 示出了关于明场散射和暗场散射晶圆缺陷检测光源的重点专利分布。第一个早期的时候关于光源的改进是从光源的布置形状开始的（IL94368A，OPBOTSYSTEM，1990 年，圆形阵列布置的多个光源；US200500007792A1，RUDOLPH TECHNOLOGIES，INC.，2003 年，光纤环形灯），第二个攻进点为关于激光器整体的改进，例如多横向振荡模式工作（CN1771456A，应用材料，2002 年，一个激光器，为产生以第一个光斑对比为特点的输入射束此激光器同时以多横向振荡模式工作）、设置反射器或分束器（US20160094011A1，科磊，2014 年，脉冲 UV 激光器组件包括部分反射器或分束器），以及减少衰减［US7369233B2，科磊，2002 年，通过减少在量测过程中所使用的真空紫外线（VUV）辐射所经历的至少一部分照明和检测路径中存在的周围吸收气体或气体和湿气的量，这样的衰减波长分量可以减少］，还有在激光器的外面加一些材料，如加宽光谱（US7659973B2，应用材料，2006 年，将光发射到具有光谱加宽效应的材料中的激光器来获得照明）和减小光斑（KR20230092924A，卡姆特，2020 年，由激光二极管照明的磷光体）。第三个改进点为基于等离子体的，例如单一气体的等离子体（US8148900B1，科磊，2006 年，无电极灯包括使用单一气体产生的等离子体）、液体等离子体［US20120205546A1，科磊，2011 年，激光液滴等离子体（LDP）光源，该光源产生具有足够辐射度的光，从而能够在低至 40nm 的波长下进行明场检查］，引入一定量的水进入等离子体（US8796652B2，科磊，2012 年，通过将一定量的水引入装有产生等离子体的气体混合物的灯泡中）以及石墨烯 - 电解质 - 半导体平面型结构的等离子体放电装

置（US11011366B2，科磊，2019 年，宽带紫外照射源），改变激光维持的等离子的激光
［US20150168847A1，科磊，2013 年，产生低于 200nm 的连续波（cw）激光器］。第四个
改进点为基于晶体的，关于退火（US20130021602A1，科磊，2011 年）、钝化
（US20140305367A1，科磊，2013 年）、密封（US20190094653A1，科磊，2017 年）以及
晶体的改进（US20230185158A1，科磊，2021 年）。第五个改进点为基于基谐波经过多
次谐波产深紫外的波长光［US20140071520A1，科磊，2012 年，1104nm 的第一波长和
1160nm 的第二波长经六次谐波产生 193nm 的激光；US20160099540A1，科磊，2014
年，用于产生输出波长为大约 183nm 的激光，输出光的激光器组件包括基本激光器、
光学参量系统（OPS）、五次谐波发生器和混频模块；US20220399694A1，科磊，可调
谐激光器组件使用 1μm 和 1.1μm 之间的基波波长，通过引导基波光穿过周期性极化的
扇出的不同区域，交替产生 184nm 到 200nm 范围内的两个或多个输出波长的激光］。

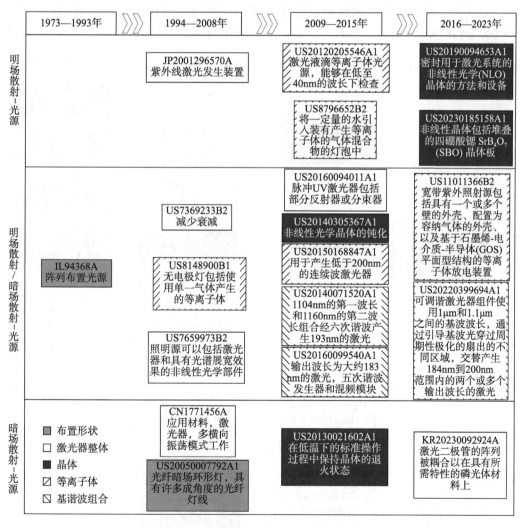

图 4-2-21　明场散射/暗场散射-光源技术路线图

图4-2-22为明场散射和暗场散射晶圆缺陷检测探测器的重点专利分布。其主要的技术发展方向分为延迟积分传感器［KR950012660A，KIM，JU YONG，1993年，形成有多个像素的时间延迟积分（TDI）图像传感器；US6081325A，科磊，1996年，二维传感器阵列，延时积分；US20150260659A1，科磊，2014年，背照式雪崩时间延迟积分（TDI）传感器的具体结构；TW（CN）202037903A，科磊，2018年，差分成像］、背照式传感器的具体结构的改进（US20110073982A1，科磊，2007年，使用背面照明的线性传感器的结构；US8748828B2，科磊，2011年，光感测阵列传感器结构；US9496425B2，科磊，2012年，带硼层的背照式传感器；US9601299B2，科磊，2012年，具有硼层的硅衬底的光电阴极；US20210164917A1，科磊，2019年，DUV/VUV图像传感器包括涂覆硼的纹理化表面；US20220254829A1，科磊，2021年，背照式DUV/VUV/EUV辐射或带电粒子图像传感器制造方法）、加入倍增装置（JP4491391B2，日立，2005年，光电转换图像传感器的前面或后面提供具有电子倍增装置的检测器；US20070013899A1，科磊，2005年，将阳极饱和作为光电倍增管（PMT）检测器的测

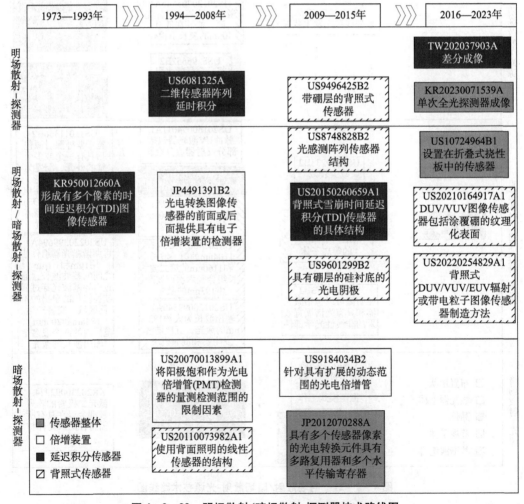

图4-2-22　明场散射/暗场散射-探测器技术路线图

量检测范围的限制因素；US9184034B2，科磊，2012 年，针对具有扩展的动态范围的
光电倍增管），以及传感器整体的一个改进，如电路结构（JP2012070288A，日立，
2010 年，具有多个传感器像素的光电转换元件具有多路复用器和多个水平传输寄存
器）、全光成像（KR20230071539A，韩国公州国立大学，2021 年，单次全光探测器
成像）以及折叠分布（US10724964B1，科磊，2019 年，设置在折叠式挠性板中的传
感器）。

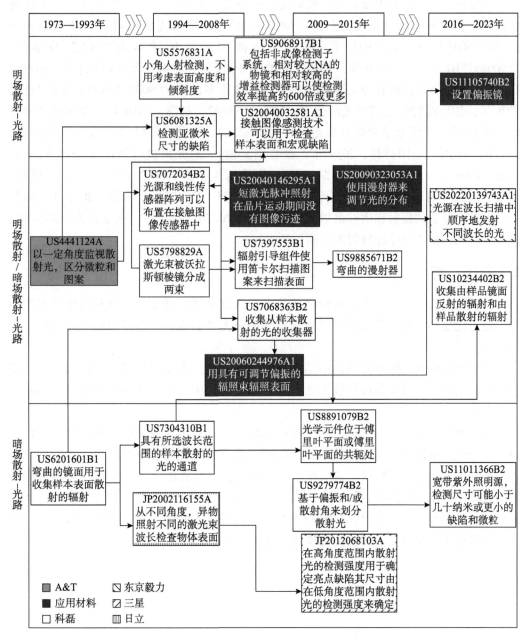

图 4 – 2 – 23　明场散射/暗场散射-光路技术路线图

图 4 - 2 - 23 为明场散射/暗场散射 - 光路技术路线图，从引用次数多的几件专利（US6201601B1，科磊，1997 年，弯曲的镜面用于收集样本表面散射的辐射；US7068363B2，科磊，2003 年，收集从样本散射的光的收集器；US5576831A，科磊，1994 年，小角入射检测，不用考虑表面高度和倾斜度）出发整理了关于光路的技术发展路线，其主要的技术发展方向分为调整入射角度（US4441124A，AT&T 有限公司，1981 年，以一定角度监视散射光，区分微粒和图案；US5576831A，科磊，1994 年，小角入射检测，不用考虑表面高度和倾斜度；JP2002116155A，日立，2000 年，从不同角度，异物照射不同的激光束波长检查物体表面）、设置在光的传播路上的光学元件（US6201601B1，科磊，1997 年，弯曲的镜面用于收集样本表面散射的辐射；US9068917B1，科磊，2006 年，包括非成像检测子系统，相对较大 NA 的物镜和相对较高的增益检测器可以使检测效率提高约 600 倍或更多；US20090323053A1，应用材料，2008 年，使用漫射器来调节光的分布；US8891079B2，科磊，2010 年，光学元件位于傅里叶平面或傅里叶平面的共轭处；US9885671B2，科磊，2014 年，弯曲的漫射器；US11105740B2，应用材料，2019 年，设置偏振镜）、对光束进行调整（US5798829A，科磊，1996 年，激光束被沃拉斯顿棱镜分成两束；US20060244976A1，应用材料，2004 年，用具有可调节偏振的辐照束辐照表面；US10234402B2，科磊，2017 年，收集由样品镜面反射的辐射和由样品散射的辐射；US20220139743A1，东京毅力，2020 年，光源在波长扫描中顺序地发射不同波长的光）。

4.2.4 小 结

晶圆缺陷检测是半导体量检测领域技术活跃度最高的分支，其专利申请量在量检测领域占比最高，其中明场检测和暗场检测面向先进制程，是当前国内产业亟待攻克的难关。

关于明场检测和暗场检测的申请量排名，国外申请人基本形成了垄断局面，其中国外申请人日立、科磊的布局较为充分，国内申请人中仅中科飞测的专利申请形成了一定规模。

在专利布局上，有关光源、探测器的申请较少，这可能与光源、探测器的门槛较高，部分重点申请人将其作为技术秘密保护有关；有关光路的申请较多，当前的布局主要围绕可靠性、量测精度、灵敏度和吞吐量进行。在算法上，基于深度学习模型的缺陷检测是未来发展趋势，国内申请人在该分支具备一定的优势。整体而言，明场检测和暗场检测在光源、光路、探测器等重点分支的技术路线均由国外申请人主导，目前国内申请人的申请更多围绕算法和其他边缘结构进行。

第5章 国外重点申请人分析

依据第三章和第四章的分析内容可知，目前国外半导体量检测设备厂商主要包括美国科磊，日本日立、雷泰光电以及荷兰阿斯麦。其中，科磊在关键尺寸、套刻误差量测领域以及晶圆缺陷、掩模板缺陷检测领域牢牢占据了垄断地位；日立在关键尺寸量测以及晶圆缺陷检测领域占据领导地位；雷泰光电是 EUV 掩模板缺陷检测设备最重要的提供商；阿斯麦在套刻误差量测领域占据重要地位。第四章已对雷泰光电进行了具体分析，为了了解上述其他几个国外申请人在半导体量检测设备研发方面的优势和劣势，本章重点对科磊、日立以及阿斯麦进行详细分析，分析它们的专利布局情况及研发重点，并了解各自研发团队的整体实力。

5.1 科 磊

5.1.1 科磊概况

科磊是全球领先的半导体检测设备供应商，为半导体制造及相关行业提供产能管理和制程控制解决方案。科磊作为工艺控制领域的行业领跑者，借助创新的光学技术、精准的传感器系统以及高性能计算机信息处理技术，持续研发并不断完善检测、量测设备及数据智能分析系统，协助半导体（芯片）厂商创造高品质、高效率的产质，是半导体业内领先的设备检测及良率解决方案供应商。美国科磊在量检测领域市占率高达 50.8%，成长路程可分为三个阶段。

（1）第一阶段（1977—1990 年）：挖掘市场需求，快速进入量测市场

科磊于 1977 年在美国加利福尼亚州成立。1970 年芯片制造工艺较为不成熟，芯片制造常用人眼和相对低科技的视觉辅助工具对良率进行鉴定，导致生产良率较低，部分甚至良率不到 50%，极大地增加了晶圆厂的制造成本，限制了晶圆厂的产能。随着制程工艺的不断进步，这种现象被进一步放大。科磊的成立将先进的光学技术与定制的高速数字电子技术和专有软件相结合，替代了传统的人工检测，顺应当时时代需求，推出光罩检测系统及自动化晶圆检测系统，迅速进入市场。

（2）第二阶段（1990—1997 年）：运营进一步细化，产品放量加速

20 世纪 90 年代初期，由于对尖端半导体制造技术的重视，美国半导体产业开始飞速发展，加上半导体变得越来越复杂，从而推动了对自动化、高科技设备的需求，以满足检测到最微小的缺陷。科磊将其运营团队进一步细化，将公司重组为五个运营部门：WRING 部门（包括 WISARD 和 RAPID）、自动测试系统部门、Watcher 部门（包括

利用先进光学字符识别技术的新图像处理系统)、计量部门和 SEMSpec 部门,同时成立了客户服务部门。营业收入由 1990 年的 1.61 亿美元增长至 10.32 亿美元,复合年均增长率(CAGR)达 30.4%,净利润也大幅增长至 1.05 亿美元,属于快速增长阶段。

(3)第三阶段(1997 年至今):大幅进行并购,外延内生协同发展

1997 年科磊与 Tencor 合并,成立 KLA - Tencor(科天半导体)。从产品领域来看,Tencor 主要负责半导体量测领域产品研发,其代表产品为测量膜层厚度参数的 Alpha - Step、激光扫描技术的粒子和污染物检测系统 Surfscan 以及缺陷检查和数据分析工具;而科磊聚焦缺陷检测领域产品,如高端自动光学晶圆检测、光罩检测和其他良率检测工具,两者的结合进一步完善了对半导体前道工艺控制的产品线,成为当时为数不多的量检测全领域覆盖的公司。合并后的 KLA - Tencor 凭借其良好的现金流以及较大的规模对当时量检测领域的小公司进行收购,扩充其在量检测领域的产品覆盖面,进一步巩固公司的龙头地位。

5.1.2 专利申请态势

科磊在量检测领域重点分支(涉及关键尺寸、套刻误差、膜厚、三维形貌四个量测领域以及晶圆缺陷、掩模板缺陷两个检测领域)的全球扩展同族专利合并后共有 1316 项,图 5 - 1 - 1 为科磊在量检测重点分支领域的全球专利申请量历年情况。可将科磊的专利申请趋势分为三个阶段。

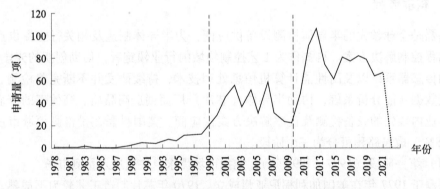

图 5 - 1 - 1　科磊量检测领域重点分支全球专利申请量趋势

缓慢发展阶段(2000 年之前):科磊的量检测重点分支专利始于 1978 年,在 1978—2000 年,每年的专利申请量较少,总体呈缓慢发展阶段。这对应科磊在 2000 年之前,挖掘市场需求,迅速进入量检测市场的发展状况。

稳步发展阶段(2000—2010 年):科磊自 1997 年起,开始大规模收购合并行动,产品放量加速,使得其专利申请量有了一定的稳步增长,尤其是在晶圆缺陷检测和掩模板缺陷检测领域的申请量取得了显著的增长。2008 年金融危机的影响使得科磊量检测技术相关的申请量有了较为明显的下降。

快速增长阶段(2011 年至今):受 2008 年金融危机影响,科磊在经过两到三年的调整后,申请量开始出现快速增长,除了在之前已经稳步发展的晶圆缺陷检测和掩模

板缺陷检测领域之外，在套刻误差和关键尺寸量测领域也出现了申请量的快速增长。

科磊在量检测领域重点分支的在华扩展同族专利合并后共有 726 件，图 5 - 1 - 2 为科磊在量检测重点分支领域的在华专利申请量历年情况。可以看出，科磊的专利申请趋势也分为三个阶段。

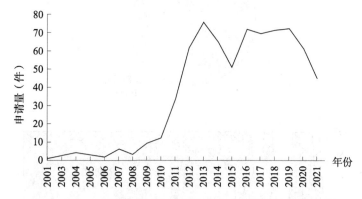

图 5 - 1 - 2　科磊量检测领域重点分支在华专利申请量趋势

缓慢发展阶段（2000 年之前）：在 2000 年之前，尽管科磊在全球范围内的专利申请已经有了一定稳步发展，但是进入中国的专利申请很少，总体呈缓慢发展阶段。这说明 2000 年之前，科磊并未在中国进行大规模布局，对中国市场未有足够的重视程度。

稳步发展阶段（2000—2010 年）：在此期间，一方面，由于科磊量检测技术的发展，另一方面，科磊开始意识到中国市场的潜力，因此科磊在华的专利申请量有了一定的增长，尤其是在晶圆缺陷检测和掩模板缺陷检测领域的申请量取得了显著的增长。

快速增长阶段（2011 年至今）：自 2011 年起，科磊在华的专利申请量开始出现快速增长，除了在之前已经稳步发展的晶圆缺陷检测和掩模板缺陷检测领域，在套刻误差和关键尺寸量测领域也出现了申请量的快速增长。

从图 5 - 1 - 3 来看，科磊在量检测领域的多个技术分支都进行了专利申请，申请量较多的在关键尺寸、套刻误差以及掩模板缺陷检测技术分支中，分别占比 16.54%、12.72%、10.77%，尤其是在晶圆缺陷检测技术分支占比 49.62%，说明科磊在晶圆缺陷检测技术分支相对于其他技术分支具有较高的研发投入和研发产出。并且晶圆缺陷检测和掩模板缺陷检测的专利申请时间较早，与科磊初期为了替代传统的人工检测，深入挖掘市场需求，推出晶圆缺陷和掩模板缺陷检测产品，从而快速进入量检测市场的发展历程相吻合。相比之下，膜厚以及三维形貌量测技术分支的研发并不是科磊的主要研发方向，其主要通过收购合并等方式进行量检测领域的全面覆盖。

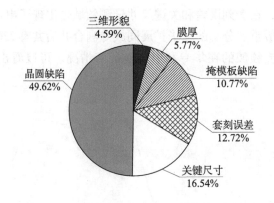

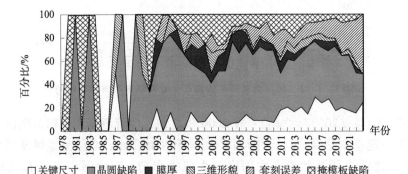

图 5 - 1 - 3　量检测领域科磊全球专利申请的技术分支分布及申请趋势

注：图中数据之和因四舍五入不等于 100%。

从图 5 - 1 - 4 来看，科磊在量检测领域的多个技术分支也都进行了在华专利申请，较早（2010 年之前）进入中国市场的涉及晶圆缺陷检测以及掩模板缺陷检测技术分支，这与科磊自身的研发方向有关，且与图 5 - 1 - 3 的内容相符。同样，科磊在华专利申请的技术分支分布与全球专利申请的技术分支分布相同，其中申请量较多的也是在关键尺寸、套刻误差以及掩模板缺陷检测技术分支中，分别占比 18.85%、15.67%、9.18%，尤其是在晶圆缺陷检测技术分支占比 49.08%。自 2010 年之后，科磊在不同技术分支的在华专利申请量基本呈现快速增加的趋势，侧面反映出科磊逐渐意识到中国市场的重要性。

从图 5 - 1 - 5 可以看出，科磊不管是在全球还是在华，研发的重点以晶圆缺陷检测、关键尺寸量测、套刻误差量测、掩模板缺陷检测为主，尤其是在晶圆缺陷检测领域，科磊投入了大量的研发力量。

科磊在全球专利申请共涉及 11561 项（未合并同族专利）。从图 5 - 1 - 6 可以看出，61.31% 的专利仍然处于授权有效状态，还有 11.04% 的专利属于在审阶段。其中 16.61% 的专利已经失效，失效的专利大多是因为专利权到期，这反映出科磊的专利维持年限都很高。

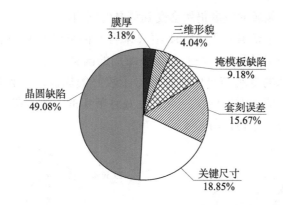

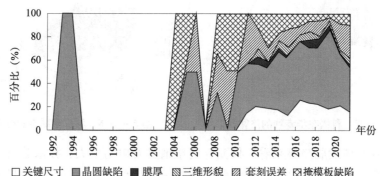

图 5 - 1 - 4　量检测领域科磊在华专利申请的技术分支分布及申请趋势

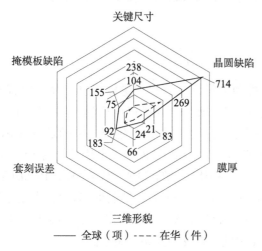

图 5 - 1 - 5　科磊全球和在华技术分支分布图

注：图中数字表示申请量。

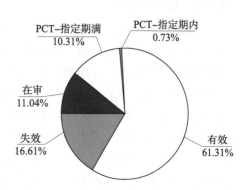

图 5 - 1 - 6　科磊全球专利的法律状态

　　从图 5 - 1 - 7 可以看出，科磊在华专利中，79.45% 的专利仍然处于授权有效状态，还有 18.08% 的专利属于在审阶段，驳回和撤回等失效专利申请量非常少，总计仅 2.47%，这说明科磊的中国专利具有相当高的创造性。另外，因为科磊进入中国市场较晚，故授权有效和在审阶段专利量占总体的 97.53%，以上也侧面反映了未来很长一段时间国内在量检测领域的发展仍然会受到科磊的制约。

科磊在全球专利申请共涉及 11561 项（未合并同族专利）。从图 5 - 1 - 8 可以看出，美国、日本、中国以及韩国是科磊重点布局的国家和地区，占比近 85% 的专利申请，说明科磊在全球的专利布局中已经取得了较好的局面，占有相当好的技术优势，同时为以后的专利申请、诉讼侵权打下了良好且坚实的基础。除几大国之外，以色列以及欧洲也是较重要的专利布局区域。

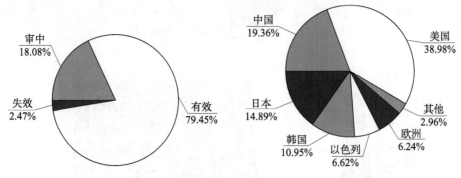

图 5 - 1 - 7　科磊在华专利的法律状态　　　　图 5 - 1 - 8　科磊全球专利分布

综上，从整体发展趋势来看，科磊专利申请具有申请量大、技术分支覆盖广、专利申请创造性高、维持年限长以及布局完善度高等特点。专利申请涉足量检测领域的六个一级分支，重点布局关键尺寸、套刻误差、掩模板缺陷、晶圆缺陷检测四个分支，其中晶圆缺陷检测占据重要地位，且近年来对于中国市场的重视程度逐步增加。

5.1.3　重点发明人及团队

5.1.3.1　重点发明人

科磊的发明人是专利技术发展的主要推动力量，该公司在量检测重点分支领域的发明人较多，有超千名，相应的发明专利为 1316 项（合并扩展同族后）。图 5 - 1 - 9 是科磊全球重点分支全球排名前 15 位发明人排名。可以看出，排第一位的是 ANDREI V. SHCHEGROV，该发明人的申请数量为 57 项，占前 15 位发明人申请总量的 10.4%。排名第二、第三、第四位的分别是 AMNON MANASSEN、STILIAN（IVANOV）PANDEV、VLADIMIR LEVINSKI，其申请量分别是 48 项、46 项、45 项。排名前四位发明人的申请总量，占前 15 位发明人申请总量的 35.8%，超过 1/3。可以看出，排名前四位发明人的申请量优势明显，表明科磊的重点分支领域主要发明人相对集中。

从图 5 - 1 - 10 中可以看出，科磊的主要发明人在 2000 年之前就开始在量检测重点分支领域进行专利申请，其中共有 6 名主要发明人（ANDREI V. SHCHEGROV、YUNG - HO（ALEX）CHUANG、MEHDI VAEZ - IRAVANI、GUOHENG ZHAO、JOHN FIELDEN、MARK GHINOVKER）。上述 6 名主要发明人的技术周期跨越时间都很长，最短时间 17 年，最长时间 25 年，直观反映出科磊公司研发人员的稳定性，也为科磊后期体系化发展提供了强有力的人才及技术支撑。自 2010 年之后，科磊的主要发明人在量检测重点分支领域专利申请量开始爆发式增长，这与之前科磊量检测领域重点分支全球专利申请量趋势相吻合，说明 2010 年以后，科磊量检测技术的发展趋于系统化、成熟化。

图 5 - 1 - 9 科磊主要发明人及申请量

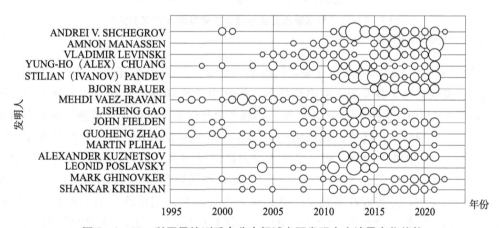

图 5 - 1 - 10 科磊量检测重点分支领域主要发明人申请量变化趋势

注：图中气泡大小反映申请量的多少。

图 5 - 1 - 11 是科磊重点分支领域的主要发明人之间的关系图。从图中可知，ANDREI V. SHCHEGROV 和 STILIAN（IVANOV）PANDEV、ALEXANDER KUZNETSOV 合作密切，主要涉及的技术分支在套刻误差和关键尺寸量测领域；AMNON MANASSEN 和 VLADIMIR LEVINSKI 合作密切，主要涉及的技术分支在套刻误差量测领域；YUNG - HO（ALEX）CHUANG 和 JOHN FIELDEN 合作密切，主要涉及的技术分支在晶圆缺陷检测、掩模板缺陷检测和关键尺寸量测领域。其他的主要发明人之间合作关系并不是很紧密，这与科磊的发展理念有关。自 1990 年起，科磊将其运营团队进一步细化，将公

司分为五个运营部门，使得各分支发展相对独立，发明人更能有针对性地研发，提高各分支研发效率。

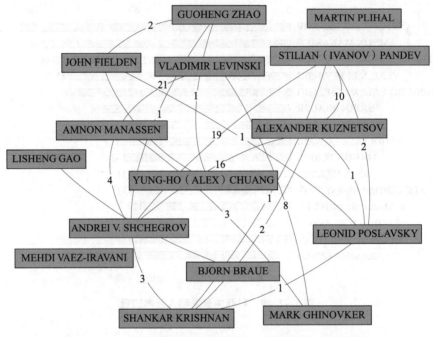

图 5 – 1 – 11　科磊重点分支领域的主要发明人之间的关系

注：图中数字表示申请量，单位为件。

图 5 – 1 – 12 是科磊重点分支领域的以第一发明人为首的研发团队，图 5 – 1 – 13 是根据第一发明人和主要发明人的申请排名，梳理出的科磊重点发明人技术分支分布情况。由图 5 – 1 – 12 及图 5 – 1 – 13 可知，科磊在套刻误差和关键尺寸量测领域的发明人组成了一个大型的协作网络，该网络中包括各种类型的发明人，包括拥有很多专利的主要发明人（较大的节点）、属于多个研发团队的发明人（有许多连线关系）以及仅偶尔与他人协作的发明人（边缘的小气泡）。而在晶圆缺陷和掩模板缺陷检测领域的发明人合作网络中，分布着许多独立团队，这表明科磊在缺陷检测领域中拥有多个分散的研发团队，例如，分别以 YUNG – HO（ALEX）CHUANG、BJORN BRAUER、LISHENG GAO 等为首的相对独立的研发团队，而不是一个大型的单一网络。这与科磊在缺陷检测领域具有多样化的产品有关，此外，也与科磊长期保持收购合并其他公司的运营方式有关，当出现收购合并时，随之而来的就是很多小型研发团队的整合。例如，在对科磊重点分支专利的分析过程中，发现在 1316 项专利申请中有 43 项原始第一申请人是徕卡公司，故对上述 43 项专利进一步分析。徕卡（Leica）是由德国徕卡公司生产的照相机品牌，问世于 1913 年，至今已有百年历史。从图 5 – 1 – 14 可知科磊在 1998—2008 年间先后通过专利权变更方式，获得 43 项来自徕卡公司的授权专利，其中有 35 项专利涉及晶圆缺陷检测领域，还有少量涉及关键尺寸、套刻误差量测和掩模板缺陷检测领域。在晶圆缺陷检测领域又包括散射法中明暗场缺陷检测和光路搭建以及算法。

这说明科磊在早期光学手段量检测的发展路上，也是通过并购或购买专利的方式，实现从 0 到 1 的突破。上述分析内容都反映出科磊科研成果百花齐放与其强大的研发人员储备具有密不可分的关系。科磊将量测和检测的产品线的研发及销售团队进行细化并独立管理，进一步加强运营管理体系，也有利于对已有产品的改进和数据收集，提升整体研发效率。

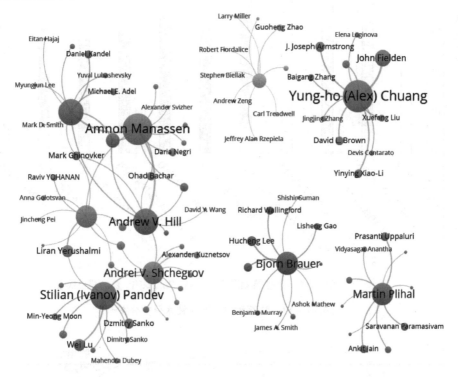

图 5-1-12　科磊重点分支领域的以第一发明人为首的研发团队

综上，从研发团队模式来看，科磊具有发明人创新活跃周期长、研发团队稳定以及团队独立性强等特点。发明人是专利技术发展的主要推动力量，核心团队稳定性高，这为科磊后期体系化发展提供了强有力的人才及技术支撑；核心团队独立性强，国内厂商可参考进一步细化运营管理团队，将每个产品线的研发及销售团队进行细化并独立管理，提高效率。

5.1.3.2　重点发明团队

YUNG - HO（ALEX）CHUANG（以下简称"Yung - ho Chuang"）是科磊专利申请数量较多的发明人之一，共申请专利 40 项，涉及的技术主题主要为晶圆缺陷检测。为进一步分析科磊发明人团队特点，本书以 Yung - ho Chuang 及其合作发明人构成的团队（以下简称"Yung - ho Chuang 团队"）为代表进行分析，从专利信息管窥科磊研发团队及其专利申请特点。

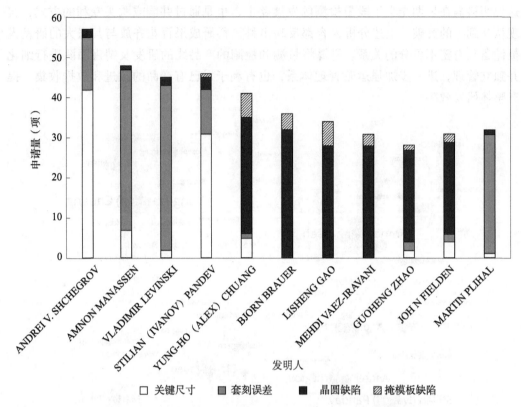

图 5 – 1 – 13　科磊重点发明人技术分支分布

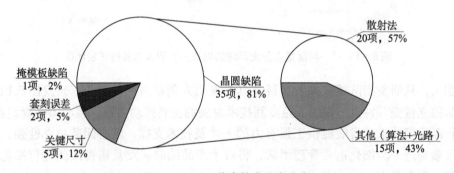

图 5 – 1 – 14　徕卡技术分支分布

以第一、第二发明人统计合作关系，Yung – ho Chuang 作为第一、第二发明人的光源有关专利 26 项，合作发明人包括 Vladimir Dribinski、J. Joseph Armstrong、Yinying Xiao – Li 等多人，共同构成 Yung – ho Chuang 团队。图 5 – 1 – 15 为 Yung – ho Chuang 团队成员合作关系以及部分重点专利申请，呈现以下特点：

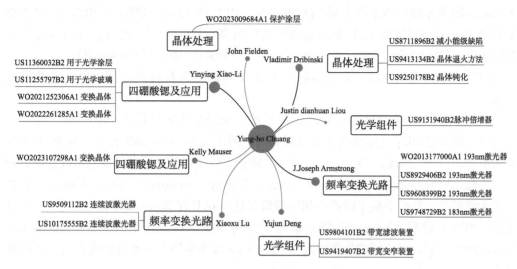

图 5 - 1 - 15　Yung - ho Chuang 团队合作关系及部分重点专利申请

（1）在团队构成方面，围绕激光光路促成多技术专长合作

Yung - ho Chuang 团队申请专利包括材料元件、光学组件和激光光路技术主题。Yung - ho Chuang 作为第一发明人的激光光路有关专利 11 项，主要是利用谐波混波频率变换技术产生 193nm/183nm 激光，可知 Yung - ho Chuang 技术专长在于激光器整体光路设计，主要与 J. Joseph Armstrong、Xiaoxu Lu 合作进行频率变换光路相关研究及专利申请，与 Justin dianhuan Liou、Yujun Deng 合作进行脉冲倍增器、带宽变窄器等光学组件的研究及专利申请。Yung - ho Chuang 与 Vladimir Dribinski 的合作申请主要在于晶体处理技术，Vladimir Dribinski 单独的申请（US20150007765A1，CLBO 晶体生长）也印证了其在晶体材料生长、晶体元件方面具有技术专长。Yung - ho Chuang 与 Yinying Xiao - Li 的合作申请包括四硼酸锶及其应用，表明 Yinying Xiao - Li 专长于四硼酸锶材料及其应用研究。可知，Yung - ho Chuang 团队成员在材料元件、光学组件和激光光路方面具有不同的业务专长，且 Yung - ho Chuang 本人以激光光路研究为专长促成通过团队合作将材料元件、光学组件用于激光光路。

（2）在技术研究方面，问题导向促成多技术手段解决难题

激光照射光路中的材料光与物质相互作用导致材料性质改变，通常被称为激光诱导损伤，影响光源寿命，对于 DUV 等短波长光，该问题尤其严重。针对该问题，Yung - ho Chuang 团队研究了通过光照减小材料能级缺陷使得光吸收最小化减轻激光诱导损伤（US8711896B2），研究了通过晶体退火（US9413134B2）、晶体缺陷钝化（US9250178B2）增加晶体对激光诱导损伤的抵抗，研究了利用四硼酸锶材料（SrB_4O_7）光学损伤阈值高的特性作为涂层（US11360032B2）、玻璃（US11255797B2）、光学晶体（WO2021252306A1、WO2022261285A1）使用。

在没有足够功率的连续波光源以前，脉冲光源是可用的提供高平均功率的光源，但存在脉冲峰值功率导致光源器件和晶圆损伤的问题。针对该问题，Yung - ho Chuang

团队研究使用脉冲倍增器降低峰值功率（WO2012173943A2、US9151940B2），设置重复率倍增器（US9525265B2）提高重复率的同时降低峰值功率。此外，针对经过带宽需要减小的技术需求，研究了带宽变窄组件（US9804101B2、US9419407B2）。

（3）在研究趋势方面，最新多项专利涉及四硼酸锶材料及应用，以及连续波激光器

Yung-ho Chuang 团队晶体处理有关专利申请最早优先权日在 2010—2011 年，这与科磊首款采用 DUV 光源的无图形晶圆缺陷检测产品 Surfscan SP3 发布时间为 2011 年相对应；2018 年发布的产品 Surfscan SP7 关键技术包括对功率密度峰值的精确控制，表明其仍然采用脉冲光源，Yung-ho Chuang 与 J. Joseph Armstrong、Yujun Deng 等人合作有关光学组件、频率变换光路的专利申请最早优先权日在 2012—2014 年，且针对脉冲光源；2018 年以后，Yung-ho Chuang 与 Yinying Xiao-Li 合作申请了多项四硼酸锶材料及应用的专利，其应用的光源以及与 Xiaoxu Lu 合作申请专利涉及的光源均为连续波激光器。

以 Yung-ho Chuang 团队为例进行分析可知，科磊发明人专利申请特点如下：在团队构成方面，呈现由多业务专长成员进行合作研究的特点，成员在材料元件、光学组件和激光光路具有不同的业务专长，且以光学系统研发带动元件/组件细节改进来促成多技术专长合作；在团队技术研究方面，呈现以解决问题为导向，围绕同一技术问题不断提出多种技术手段解决难题的特点；在研究趋势方面，近年团队围绕四硼酸锶材料及应用进行研究，且研究重点偏向连续波激光器。

5.1.4 重点专利技术

对科磊晶圆缺陷检测技术、掩模板缺陷检测技术、套刻误差量测技术和关键尺寸量测技术进行分析。

5.1.4.1 晶圆缺陷检测

晶圆缺陷检测主要用于检测晶圆上的物理缺陷和图案缺陷并对这些缺陷进行分类，帮助工程师发现、解决并监控关键的良率偏移。按照检测技术分类，晶圆缺陷检测分为光学技术和电子束技术，科磊晶圆检测技术以光学技术为重点。按照被检测晶圆是否进行图案化工艺，可分为无图形晶圆缺陷检测和有图形晶圆缺陷检测，科磊发布的产品既包括无图形晶圆缺陷检测系统，也包括有图形晶圆缺陷检测系统。根据前期调研情况，我国国内企业已经发布并量产的晶圆缺陷检测系统主要为无图形晶圆缺陷检测设备，且考虑到有图形晶圆缺陷检测设备技术改进与无图形晶圆缺陷检测技术改进具有相似性，为更好地服务现阶段我国晶圆检测产业发展，本书对科磊晶圆缺陷检测技术分析围绕无图形晶圆缺陷检测进行。

本部分围绕科磊的无图形晶圆检测系统 Surfscan 系列进行分析，按照前述分析方法对科磊无图形晶圆缺陷检测技术进行分析。Surfscan 系列无图形晶圆检测系统从第一代系统 SP1 逐步升级到最新的 SP7XP，SP7XP 可用于 5nm 及以下半导体制程，各产品型号及其适用的半导体制程、产品升级换代过程中的关键技术如表 5-1-1 所示。

表 5 - 1 - 1　Surfscan 系列产品关键技术

产品型号	适用制程	发布时间	关键技术
SP7XP	≤5nm	2020.12	基于机器学习的缺陷分类方式
			先进的 TDI 探测器
			相位对比通道（PCC）和垂直照射（NI）在内的互补检测模式
			Z7™ 分类引擎支持独特的 3D NAND 及厚膜等应用
SP7	≥7nm	2018.7	创新的光源和传感器架构
			对功率密度峰值的精确控制
SP5XP	≥1Xnm	2016.7	扩展型 DUV 技术
			创新算法以创造出新型操作模式
SP5	≥2Xnm	2014.7	增强型 DUV 光学技术
SP3	≥2X—3Xnm	2011.7	首款采用 DUV 光源与经过深紫外优化的光学元件
			深紫外特定光圈增强覆膜上缺陷检测能力
			多光照与采集通道
SP2XP	≥45nm	2008.9	自动将斜射光和直射光信号检测结果合并到一个晶圆图
			扩展动态范围（EDR）和基于规则的缺陷分类（RBB）
			新的 DIC 通道
			多通道架构
SP1/SP2	≥65nm	2008 年前	明场微分干涉对比度（BF - DIC）
			多种光束尺寸
			三光束照明（TBI）
			双激光系统（DLS）

　　通过表 5 - 1 - 1 可知，适用 2X—3Xnm 及以上制程的产品 SP3 及 SP2XP、SP1/
SP2，关键技术重点在于检测模式和光路；SP3 首次使用 DUV 光源，SP3 至适用 5nm 及
以下制程的产品 SP7 XP，关键技术重点在于适用 DUV 光源的元件改进、光源、探测器
改进以及算法改进。以下将以 Surfscan 系列产品关键技术为依托筛选科磊无图形晶圆检
测相关重点专利，形成产品技术路线图。

（1）依据非专利文献信息

同一产品可包括多项关键技术，而每项专利通常针对一项技术进行申请且较少与具体产品相关联，且专利附图通常也仅具有示意性，直接将专利信息与产品进行对应通常比较困难。涉及产品信息的非专利文献如论文通常对产品的检测原理、检测模式有更详细的介绍，依据论文中尤其是作者单位是重点申请人的论文中的产品信息有助于筛选出产品关键技术相关联的专利。

多篇论文中（NOLOT E, DUFOURCQ J, FAVIER S, et al. Laser Scattering: a Fast, Sensitive, In – Line Technique for Quantum Dots Process Characterization and Monitoring [J]. American Institute of Physics, 2008; CHEN A, HUANG V, CHEN S, et al. Advanced Inspection Methodologies for Detection and Classification of Killer Substrate Defects [J]. Proceedings of SPIE – The International Society for Optical Engineering, 2008; CHENG, PENG, CHEN, et al. Development of CMP Pad Using an Unpatterned Surface Inspection System [J]. Irish Political Studies, 2012, 55（8）: 128 – 131.）均明确记载了 SP1/SP2/SP2XP 光路图，如图 5 – 1 – 16 所示。

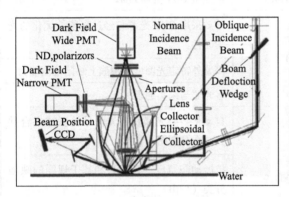
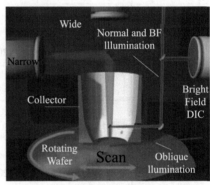

（a）SP1/SP2　　　　　　　（b）SP2×P

图 5 – 1 – 16　产品光路图

从图 5 – 1 – 16 可知，SP1/SP2 与 SP2XP 光路图基本相同，在检测模式方面，既包括明场检测，也包括暗场检测；在光源方面，双光源照明分别用于垂直光和斜射光；在探测器设置方面，设置窄角探测器和宽角探测器用于暗场信号检测；进一步，由 SP2XP 光路可知用于垂直照射的光同样适用于明场（Bright Field, BF）照明，包括明场微分干涉对比度（BF – DIC）光路。

依据以上信息筛选得到以下重点专利：US6271916B1 及其同族公开了设置宽角探测器和窄角探测器用于检测散射信号，宽角探测器用于收集小颗粒散射信号，窄角探测器用于收集大颗粒散射信号，可增强小颗粒检测能力；US6201601B1 及其同族公开了设置垂直光和斜射光进行检测，斜射光对颗粒更敏感，垂直光对晶圆固有缺陷（COP）更敏感，同时采用垂直光和斜射光可提高颗粒和 COPs 区分能力；US6538730B2 引用 US6271916B1、US6201601B1 使用双光源照明分别用于垂直光和斜射光；

US5798829A 及其同族公开了使用单个激光器分成两束光进行暗场垂直光照明和明场照明检测，明场检测使用 Nomarski 微分干涉对比原理（BF - DIC）。由此得到上述专利为关键技术双激光系统、三光束照明、明场微分干涉对比度对应的重点专利，且在科磊后续不同年份申请的多项专利说明书中均进行援引加入（US7130036B1，2006 年申请；US8582094B1，2013 年申请；US9608399B2，2017 年申请；US10778925B2，2020 年申请），进一步说明上述专利为 Surfscan 系列产品检测模式与光路基础的专利具有较高的准确性。

图 5 - 1 - 17 所示为产品对应光路图，可进一步说明由于产品的多技术集成特性和一项专利的单技术特性的差异得出依据论文信息进行产品对应重点专利筛选的优势。

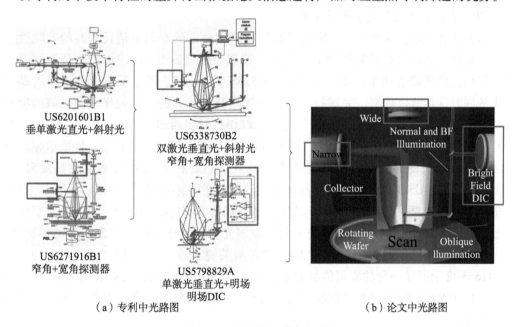

US6201601B1
垂单激光直光+斜射光

US6271916B1
窄角+宽角探测器

US6338730B2
双激光垂直光+斜射光
窄角+宽角探测器

US5798829A
单激光垂直光+明场
明场DIC

（a）专利中光路图

（b）论文中光路图

图 5 - 1 - 17　产品对应光路图

科磊发表的论文中（*Advanced inspection methodologies for detection and classification of killer substrate defects*）还公开了将五个通道检测信号融合并形成同一个晶圆图，依据论文内容及图示，筛选得到与其内容高度关联的专利 US7728969B2，其公开了检测系统多个通道的组合的集合可输出晶圆缺陷类型，为关键技术多通道架构，自动将斜射光和直射光信号检测结果合并到一个晶圆图对应的重点专利。

（2）重点参考援引专利信息

同一申请人说明书记载的援引文献通常与相应申请具有高的关联性，同一项专利在不同年份的申请、不同技术主题的申请中被多次引用则可以说明其重要性，用于产品也具有较高的可能性。前述 US6201601B1 及其同族被不同年份申请的多项专利进行援引可以作为佐证。对于多光照与采集通道关键技术，"多光照与采集通道"含义较为宽泛，初步筛选得到 US7068363B2、US9279774B 两项专利，分析过程发现 US9279774B 及其同族在探测器相关专利申请（WO2016054570A1，2015 年申请；US10778925B2，

2019 年申请；US20210164917A1，2020 年申请）、光源相关专利申请（US11255797B2、US1101136B2，均 2020 年申请）中被多次援引，且其最早优先权日为 2011 年 7 月，与产品 SP3 发布日期较为接近，为对应多光照与采集通道关键技术的重点专利具有高的可信度。

US8624971B2 及其同族被在后相关专利申请（US8748828B2、US8754972B2，2012 年申请；WO2016054570A1，2015 年申请；US10778925B2，2019 年申请）多次援引，其内容也为传感器模块化阵列，包括多个 TDI 传感器模块，每个 TDI 模块包括传感器与用于驱动和处理的局部电路，可小型化地提高驱动、处理能力，属于传感器架构，为关键技术创新的传感器架构对应的重点专利具有高可能性。

（3）从技术特征和技术效果入手

与关键技术的技术特征、技术效果表述相同或接近的专利申请具有高的关联性是符合常理的。以技术效果降低峰值功率进行检索筛选得到 US9151940B2，公开了通过脉冲倍增器降低峰值功率；筛选得到 US9525265B2，公开了通过重复率倍增器提高重复率的同时降低峰值功率，关键技术峰值功率控制要达到的技术效果一致。该两项专利为峰值功率控制对应专利具有高可能性。以相位对比通道（Phase Contrast Channel，PCC）作为关键技术特征进行筛选，得到 US10705026B2 专利，公开了一种成像相位对比通道（PCC）设计，与相位对比通道和垂直照射在内的互补检测模式高度对应。US10650508B2、US11379967B2 均涉及基于机器学习的缺陷算法分类，且 US11379967B2 中缺陷算法分类适用于 3D NAND，其应为基于机器学习的缺陷分类、Z7™ 分类引擎支持独特的 3D NAND 应用对应的重点专利。以多光束尺寸作为检索要素结合施引次数、最早优先权时间等筛选得到 US6956644B2，与关键技术多光束尺寸具有高可能性。U9841655B2 公开了一种功率可伸缩的非线性 DUV 波长转换器，与扩展型 DUV 技术相对应；US9816939B2 通过算法创新可进行多模式检测，与创新算法创造出新型操作模式相对应。

（4）技术分支整体分析

科磊光源、探测器相关论文有价值信息较少，且技术手册、产品发布报道中采用"光学元件优化""增强型 DUV 技术""扩展型 DUV 技术""创新的光源和传感器架构"等宽泛表述，从中筛选出更多的相关对应专利较为困难。结合前期重点企业调研信息，光源和探测器是支撑晶圆缺陷检测设备不断向先进制程发展的关键技术。下文将通过整体分析梳理光源、探测器相关专利以筛选关键技术对应的重点专利。

需要说明的是，因光源、探测器对于光学检测具有普遍适用性，前期晶圆缺陷检测检索数据可能有部分缺失，以申请人为检索入口对光源、探测器数据进行补充，得到有关光源的专利申请 94 项，探测器相关专利申请 32 项。

图 5 - 1 - 18 为科磊光源、探测器相关专利申请趋势图，其中横坐标为扩展同族最早优先权日，纵坐标为扩展同族项数。2008 年以前，光源和探测器相关专利申请数量较少；2010 年左右光源和探测器申请开始增加，并到 2015 年左右维持较多数量的申请，2018 年以后光源维持一定数量的申请。上述趋势与前述产品对应的关键技术趋势

一致，2011 年 Surfscan SP3 是首款采用 DUV 光源的产品，DUV 光源的使用对光源和探测器均提出新的技术需求，因此科磊开始增加相关技术研究并进行专利申请。

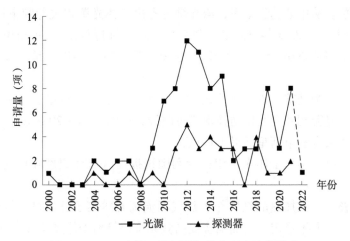

图 5 - 1 - 18　光源、探测器相关专利申请趋势图

下文将分别对光源、探测器进行分析。

1）光源分析

科磊有关光源的专利申请 94 项，光源类型及其申请趋势如图 5 - 1 - 19 所示。从光源类型看，主要包括激光维持等离子体光源、频率变换光源和其他光源；激光维持等

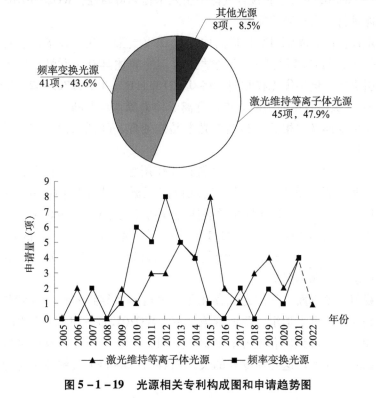

图 5 - 1 - 19　光源相关专利构成图和申请趋势图

离子体光源相关专利申请45项，频率变换光源相关专利申请41项，两种类型专利申请数量占相关专利申请总数的91.5%，且两种光源相关专利申请趋势一致，表明两种光源技术并行发展。从申请趋势上看，激光维持等离子体光源相关专利申请从2008年起至2015年逐步上升，2015年以后呈下降趋势并之后维持每年1~4项申请；频率变换光源相关专利申请从2009年起至2012年逐步上升，2012年以后呈下降趋势并之后维持一定量申请。

以代表性专利为基础，以专利之间引用关系为主线，重点结合援引加入专利引用信息，梳理科磊光源相关专利申请技术演进路线，如图5-1-20所示。

科磊光源相关专利申请呈现以下特点：

其一，激光维持等离子体光源相关专利围绕提高气流稳定性和提高光源可靠性进行布局。

等离子体核心中被加热的气体作为热气羽流离开等离子体区域，气体湍流和不稳定流动容易引起光源不稳定，科磊围绕提高激光维持等离子体光源气流稳定性布局了6项专利，即US9099292B1、US9390902B2、US10690589B2、US11450521B2、US11690162B2、WO2022226135A1，分别公开了以不同的技术手段稳定气流，进而得到稳定的光源。

DUV光对光源可靠性产生影响。为提高可靠性，US9927094B2公开了设置滤光层用于阻挡短波长光（如低于200nm），降低灯泡损坏可能性；US9318311B2公开了设置气体端口组件选择性地接收气源气体提高可靠性；US9723703B2通过设置横向泵浦系统以提高稳定性；US8796652B2公开了在混合气体中引入水提高可靠性；WO2021076534A1公开了使用含氧气体进行点火提高可靠性。

气流稳定性提高、光源可靠性提高均针对DUV光照，相关技术均达到了增强DUV光源的技术效果，与"增强型DUV光学技术"的表述具有关联性。以上述分析为基础，结合施引次数、最早优先权时间，将US9318311B2、US9927094B2、US93900902B2列为增强型DUV关键技术对应激光维持等离子体光源重点专利。

其二，频率变换光源相关专利围绕光学晶体处理、降低峰值功率以及频率变换光路进行专利申请。

在光学晶体处理方面，DUV光与材料相互作用容易导致激光诱导损伤，影响光源寿命，多项专利涉及对光学晶体进行处理以降低激光诱导损伤或对晶体进行保护。WO2009082460A2公开了一种保护光学晶体环境的外壳结构；US9023152B2涉及CLBO晶体生长方法以提高晶体质量；US9413134B2公开了通过晶体退火降低激光诱导损伤；US9250178B2公开了对晶体缺陷进行钝化降低晶体损伤；WO2023009684A1公开了设置光学晶体保护层进行晶体保护。

在降低峰值功率方面，脉冲光源存在脉冲峰值功率导致光源器件和晶圆损伤的问题，多项专利涉及设置光学组件降低峰值功率。WO2012173943A2、US9151940B2均公开了通过脉冲倍增器降低峰值功率；US9525265B2公开了通过重复率倍增器提高重复率的同时降低峰值功率。这几项专利的技术内容与产品SP7关键技术峰值功率控制密切相关。

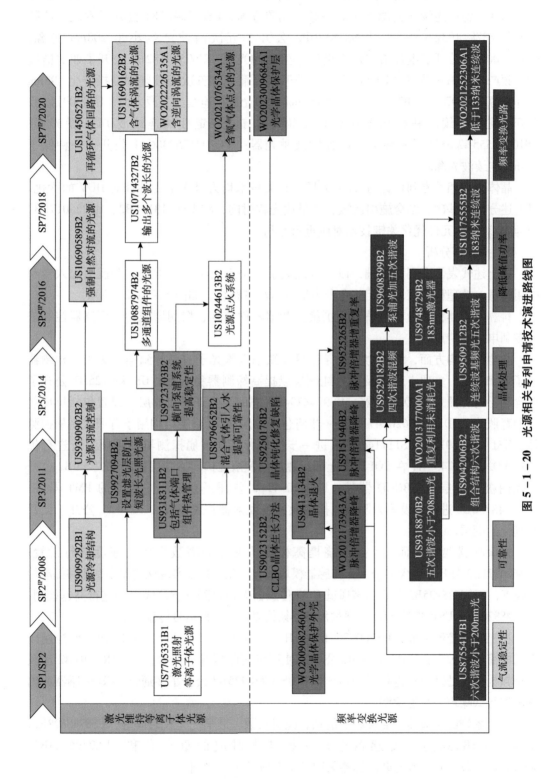

图 5-1-20　光源相关专利申请技术演进路线图

在频率变换光路方面，主要涉及利用各种倍频、混频技术以得到 DUV 光源，且逐步由脉冲光源向连续波光源演进。在脉冲光源方面，US8755417B1 公开了六次谐波频率变换产生 193nm 光源；US9318870B2 公开了五次谐波产生小于 208nm 光源；US9042006B2 公开了组合结构六次谐波产生脉冲光源；US9529182B2 公开了四次谐波加混频产生 193nm 光源；US9608399B2 公开了泵浦光加五次谐波频率变换产生 193nm 脉冲光源；US9748729B2 公开了产生 183nm 脉冲光源。连续波光源方面，US9509112B2 公开了使用连续波基频光经五次谐波得到具有高稳定性的连续波 DUV 激光器；US10175555B2 公开了一种 183nm 连续波激光器；WO2021252306A1 公开了一种低于 133nm 连续波光源。

晶体处理相关专利均针对 DUV 光照，相关技术均为对光学元件针对 DUV 的优化。以上述分析为基础，结合施引次数、最早优先权时间，将 US9413134B2、US9250178B2 列为 DUV 光学元件优化关键技术对应重点专利。

2）探测器分析

以上述代表性专利为基础，以专利之间引用关系为主线，重点结合援引加入专利引用信息，梳理科磊探测器相关专利申请技术演进路线，如图 5-1-21 所示。

科磊探测器相关专利申请呈现围绕探测器器件结构、探测器架构、探测器控制进行专利申请的特点。

在器件结构方面，氧化物和半导体界面缺陷吸收光子容易导致信号丢失、检测器量子效率降低，多项专利涉及引入纯硼层以提高探测器稳定性。US9496425B2 公开了包含硼层的背照式 CCD 探测器；US9748294B2 进一步公开了在硼层上设置包括抗反射层的背照式 CCD；US9620547B2 进一步将包括硼层/抗反射层结构用于背照式雪崩探测器；US11114489B2、US11114491B2 进一步优化背照式雪崩探测器在硼层邻近进行优化；WO2021207435A1 在 SOI 衬底上邻近硼层设置浓度梯度掺杂层；US9601299B2 公开了光阴极含硼层的 EBCCD 器件；US9620341B2 公开了含硼层二极管的 PMT 器件；US10748730B2 进一步设置光阴极包括突起的场发射器；WO2021113274A1 公开了设置纹理化的硼层。

在探测器架构方面，重点围绕提高检测速度和提高数据传输速度进行设置。US8624971B2 公开了包含多个 TDI 传感器模块的模块化阵列以实现探测器小型化并提高检测速度；US10778925B2 公开了多通道 CCD 传感器架构以降低感测噪声并进行高速检测；US8748828B2、US10429321B2 均通过传感器架构以提高数据信号传输速度。

在探测器控制方面，US7609309B2 公开了使用非方形波进行 TDI 时钟波形控制以提高电荷转移效率；US9347890B2 公开了使用可变电压时钟信号；US10462391B2 涉及一种数据信号处理方法进行低噪声成像；US10778925B2 公开了多通道 CCD 传感器读出方法进行低噪声、高速检测。

以上述分析为基础，结合援引信息、施引次数、最早优先权时间等，US8748828B2、US10778925B2 列为新传感器架构关键技术对应的重点专利；US9496425B2、WO2021113274A1 列为先进传感器关键技术对应的重点专利。

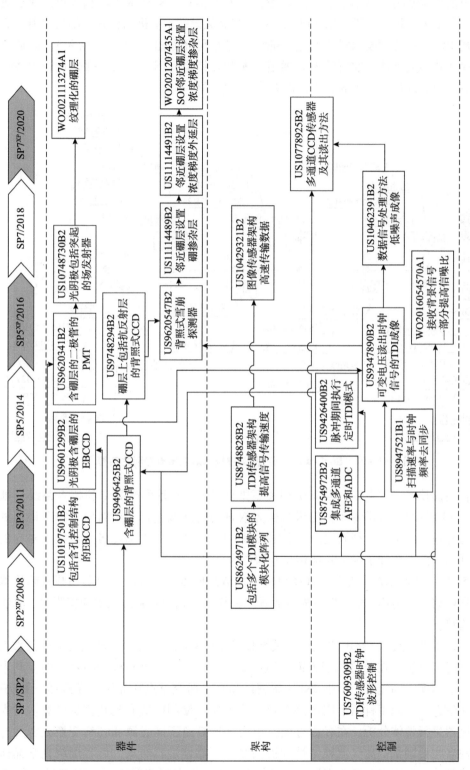

图 5－1－21　探测器相关专利申请技术演进路线图

利用依据非专利文献信息、重点参考援引专利信息、从技术手段和效果入手、进行技术分支整体分析等手段，以 Surfscan 系列产品关键技术演进为依托，筛选出科磊无图形晶圆检测产品关键技术对应的绝大部分重点专利（如图 5-1-22 所示）。除此之外，还存在几项关键技术如新的 DIC 通道、深紫外特定光圈等，因有效信息较少或没有对相应的分支进行更深入的分析，没有找到对应的专利。

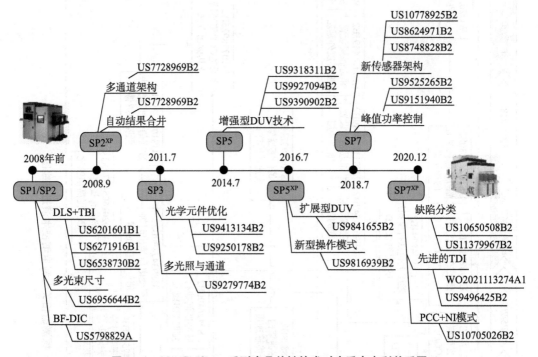

图 5-1-22　Surfscan 系列产品关键技术对应重点专利关系图

结合关键技术、重点专利及其引用关系得到 Surfscan 系列产品专利技术路线（如图 5-1-23 所示），各项专利依照最早优先权日与时间线进行大致对应。需要说明的是，为更好地体现不同专利族之间的引用关系，图 5-1-23 在前述各关键技术对应的重点专利的基础上增加了少量几项相关专利作为过渡。

图 5-1-23 所示产品专利路线图可以更加清楚地体现，科磊无图形晶圆缺陷检测技术专利申请进入适用 2Xnm 以下先进制程后由检测模式和光路向光源和探测器、算法演进的趋势。

综上，本书围绕 Surfscan 系列产品关键技术筛选科磊无图形晶圆缺陷检测相关重点专利并进行了分析。在转移路径方面，适用 2X—3Xnm 及以上制程产品对应的专利申请重点在检测模式和光路，小于 2Xnm 制程产品技术研究重点在光源、探测器、算法；结合论文信息，得到了科磊无图形晶圆缺陷检测技术检测模式和光路基础专利。对光源和探测器进行整体分析，在光源方面，激光维持等离子体光源和频率变换光源并行发展，前者主要围绕提高气流稳定性和提高光源可靠性进行布局，后者围绕光学晶体处理、降低峰值功率以及频率变换光路进行专利申请；在探测器方面，对其进行整体

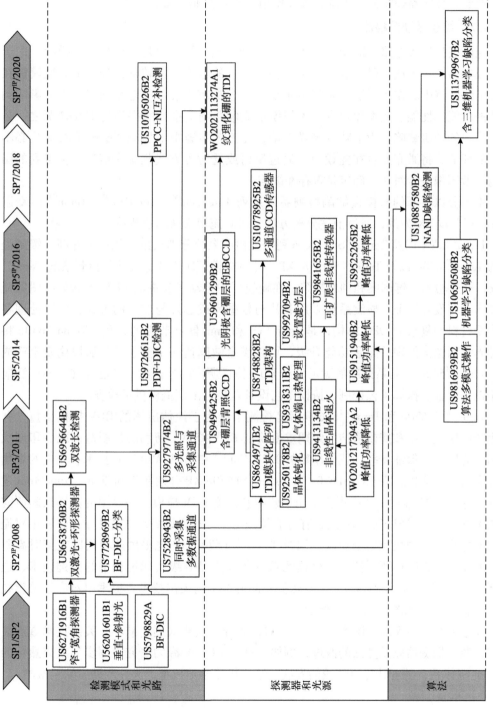

图 5 - 1 - 23　Surfscan 系列产品专利路线图

分析，主要围绕器件结构、探测器架构、探测器控制进行专利申请，探测器器件结构以引入硼层提高探测器稳定性为重点，探测器架构重点在于提高检测速度和提高数据传输速度，探测器控制重点围绕施加控制信号进行性能优化。

5.1.4.2 掩模板缺陷检测

掩模板是集成电路制造中非常重要的一个工艺步骤。它是一种特殊的模板，用于在集成电路芯片制造过程中进行光刻，将芯片上的电路图案转移到硅片上。掩模板在集成电路制造中的作用可以说是至关重要的，它决定了芯片的电路图案，直接影响到芯片的功能、性能、成本和效率。大规模集成电路制造中良率损失的主要来源之一是光掩模中的随机缺陷。为了减少掩模缺陷，在工艺步骤中增加掩模板缺陷检测是必不可少的环节，将激光照射在掩模上，通过反射或透射等方式收集光信号，将得到的图像与参考图像进行对比，确定是否存在缺陷。

本部分以科磊的掩模板缺陷检测系统系列 TeraScan™、TeraFab™、Teron™6XX 以及 Teron™SL6XX 为例，通过前述分析方法，对其掩模板缺陷检测技术进行分析。

Teron™6XX 以及 Teron™SL6XX 系列掩模检测系统分别从第一代系统逐渐升级到最新的 Teron™640e 以及 Teron™SL670e XP。针对掩模厂应用的掩模缺陷检测系统 Teron™640e，通过检测关键图案和颗粒缺陷，在掩模厂中推动了先进的 EUV 和 193nm 图案掩模技术的开发和认证。检测系统采用芯片与数据库或芯片与芯片的模式，可以处理各种堆叠材料和复杂的 OPC 结构，是最新 7nm 和 5nm 器件节点的特色。Teron™640e 将多种光学和图像处理的配套功能升级，可以满足缺陷捕获率要求，并加快掩模生产周期。Teron™640e 产品系列还能满足生产 EUV 掩模所需的严格的洁净度标准，被广泛应用于掩模认证、掩模工艺控制、掩模工艺设备监控、出厂掩模质量检查。

Teron™ SL670e 和 Teron™SL670e XP 检测系统用于评估出场的 EUV 掩模质量，并在生产使用过程中和掩模清洁后定期重新验证 EUV 掩模，帮助芯片制造商减少印制次品晶圆的风险，保证良率。凭借创新的 EUV Gold™ 和 EUV MultiDie 技术、先进的聚焦跟踪和成像灵活性，Teron™SL670e 和 Teron™SL670e XP 分别在 7nm/5nm、5nm/3nm 逻辑和先进 DRAM 芯片生产中提供了用于监测和检测 EUV 掩模关乎良率的关键缺陷所需的灵敏度。Teron™SL670e XP 还具有行业领先的生产速率以满足在芯片量产过程中对掩模缺陷检测环节的快速周期要求。同时 Teron™SL670e XP 也提供选项用以支持对高阶光学掩模进行缺陷检测。梳理掩模检测系统各代产品升级换代过程中的关键技术、适用制程（如表 5-1-2 所示），并且依据产品升级中的关键技术，梳理出对应于关键技术的专利文献（如图 5-1-24 所示）。

通过表 5-1-5 以及图 5-1-24 可知，随着节点要求逐渐减小，关键技术重点集中在光源、探测器以及算法的改进，例如通过对 DUV 光源的研究，逐步形成成熟化的 DUV 光源体系，随着计算机领域的发展，结合机器学习模型，进一步助力缺陷检测。

表 5 - 1 - 2　掩模检测系统各代产品关键技术

产品型号	适用制程	发布时间	关键技术
TeraScan™	≥65nm	2003	采用相位反差技术检测缺陷
			DUV 影像提取系统
TeraFab™	≥45nm	2008	全新 STARlight2 + 算法
TeraScan™597XRS	≥32nm	2009	亚分辨率光学邻近效应修正（OPC）
			深紫外光（DUV）图像采集技术
Teron™610	≥2Xnm/3XHP	2011	检验极紫外（EUV）掩模基板
Teron™611	≥20nm	2012	第五代 STARlight® 检测模式
			识别 DOI 先进演算法
Teron™630	≥1Xnm/2XHP	2014	多角度光路收集
			193nm 波长的掩模检测系统
Teron™640	≥10nm	2016	193nm 光照和双影像模式
			晶粒对资料库（die - to - database）检测演算法
Teron™640e	≥7nm	2017	通过检测关键图案和颗粒缺陷，推动先进的 EUV 和 193nm 图案掩模技术的开发和认证
Teron™SL650	≥20nm	2014	193nm 照明
			STARlightSD™ 和 STARlightMD™ 光学技术
Teron™SL655	≥10nm	2016	全新的 STARlightGold™ 技术
Teron™SL670	≥7nm/5nmDRAM	2022	EUVGold™ 和 EUVMultiDie 技术、先进的聚焦跟踪和成像灵活性，评估 EUV 掩模质量
Teron™SL670e XP	≥5nm/3nmDRAM		

　　结合关键技术、重点专利及其引用关系得到掩模检测方向重点专利演进路线（如图 5 - 1 - 25 所示），各项专利依照最早优先权日与时间线进行大致对应。专利演进路线图，可以更加清楚地体现科磊掩模缺陷检测技术专利申请进入适用 2Xnm 以下先进制程后由光路向光源和探测器演进的趋势，其中涉及算法的专利技术一直是随着技术发展而更新换代，尤其是在计算机领域飞速发展阶段，机器学习模型被应用到缺陷检测中，与同属于缺陷检测的无晶圆缺陷检测技术的发展趋势大致相同。

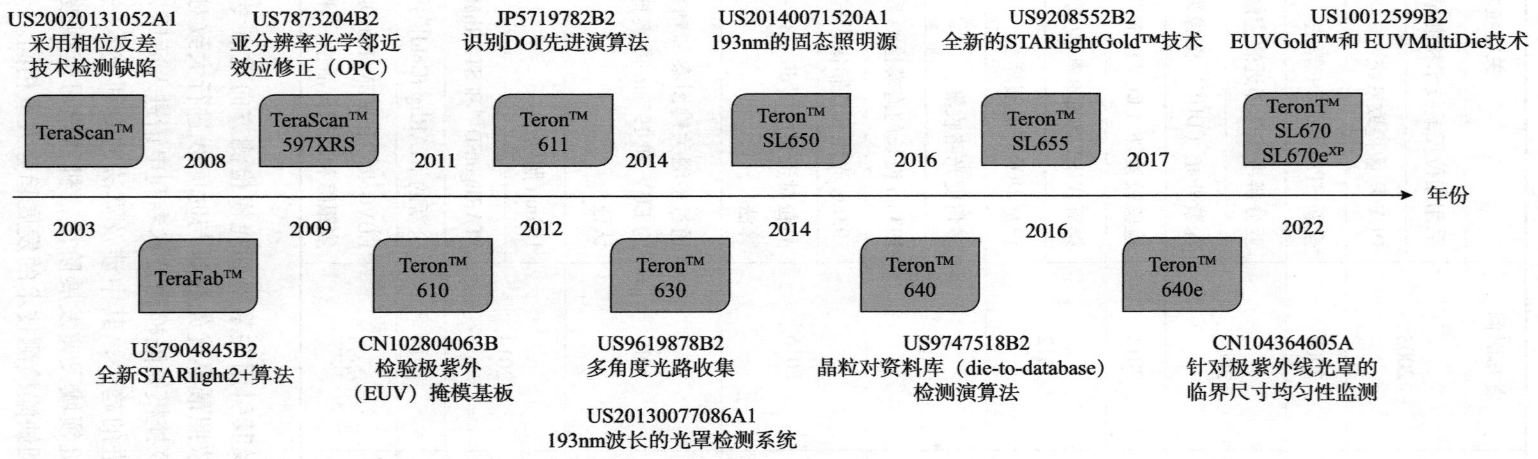

图 5-1-24 掩模缺陷检测系列产品关键技术对应重点专利关系图

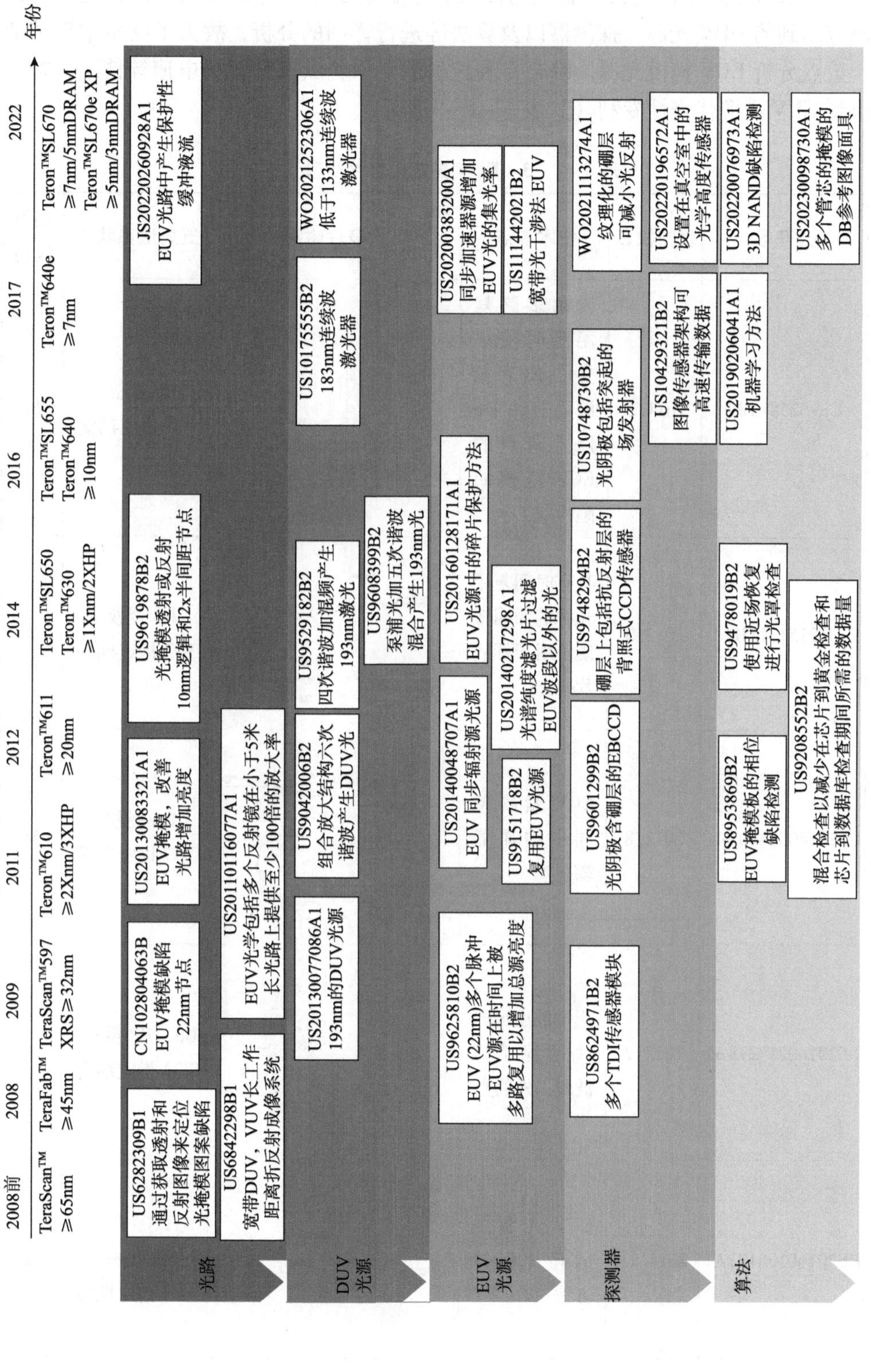

年份

2008前	2008	2009	2011	2012	2014	2016	2017	2022
TeraScan™ ≥65nm	TeraFab™ ≥45nm	TeraScan™597 XRS≥32nm	Teron™610 ≥2Xnm/3XHP	Teron™611 ≥20nm	Teron™630 ≥1Xnm/2XHP	Teron™SL650 ≥1Xnm	Teron™SL640 ≥10nm	Teron™SL655 Teron™640 ≥7nm	Teron™640e ≥7nm	Teron™SL670 ≥7nm/5nmDRAM	Teron™SL670e XP ≥5nm/3nmDRAM

光路
- US6282309B1 通过获取透射和反射图像来定位光掩模图案缺陷
- US6842298B1 宽带DUV、VUV长工作距离折反射成像系统
- CN102804063B EUV掩模缺陷 22nm节点
- US20110116077A1 EUV光学包括多个反射镜在小于5米长光路上提供至少100倍的放大率
- US9619878B2 光掩模透射或反射 10nm逻辑和2x半间距节点
- JS2022260928A1 EUV光路中产生保护性缓冲液流

DUV光源
- US20130077086A1 193nm的DUV光源
- US20130083321A1 EUV掩模，改善 光路增加亮度
- US9042006B2 组合放大结构六次谐波产生DUV光
- US9529182B2 四次谐波加混频产生193nm激光
- US10175555B2 183nm连续波激光器
- WO20212252306A1 低于133nm连续波激光器

EUV光源
- US9625810B2 EUV (22nm)多个脉冲 EUV源在时间上被多路复用以增加总源亮度
- US20140048707A1 EUV同步辐射源光路
- US9151718B2 复用EUV光源
- US9608399B2 泵浦光加五次谐波混合产生193nm光
- US20140217298A1 光谱纯度滤光片过滤 EUV波段以外的光
- US20160128171A1 EUV光源中的碎片保护方法
- US20200383200A1 同步加速器源增加 EUV光的集光率
- US11142021B2 宽带光干涉法EUV

探测器
- US8624971B2 多个TDI传感器模块
- US9601299B2 光阴极含硼层的EBCCD
- US9748294B2 硼层上包括抗反射层的背照式CCD传感器
- US10748730B2 光阴极包括突起的场发射器
- US10429321B2 图像传感器架构可高速传输数据
- US20221196572A1 设置在真空中的光学高度传感器
- WO2021113274A1 纹理化的硼层可减小光反射
- US20220076973A1 3D NAND缺陷检测

算法
- US8953869B2 EUV掩模板的相应缺陷检测
- US20208552B2 混合检查以减少在芯片到芯片到黄金检查和芯片到数据库检查期间所需的数据量
- US9478019B2 使用近场恢复进行光罩检查
- US20190206041A1 机器学习方法
- US20230098730A1 多个管芯的掩模的DB参考图像检具

图 5-1-25　掩模检测系列产品关键技术对应重点专利关系图

因掩模缺陷检测与晶圆缺陷检测具有共同点，同属于缺陷检测领域，且光源、探测器以及算法对于光学检测具有普遍适用性，依据前面章节晶圆缺陷检测，已经对缺陷检测应用到的 DUV 光源、探测器以及算法等进行详细的分析，故为了突出本章节的特点，重点分析 EUV 掩模光源。综合专利施引数、中美欧日韩五局申请等情况，初步筛选得到 EUV 光源代表性专利（如表 5-1-3 所示）。

表 5-1-3 EUV 光源代表性专利

序号	公开号	优先权日	技术要点	代表性附图	五局法律状态	施引（次）
1	US9625810B2	2011.3	光源多路复用照明使小亮度 EUV 光源用于 22 nm 以下节点的 EUV 掩模缺陷检查		US 授权、WO 指定期满	18
2	US9151718B2	2012.3	具有时间复用光源的照明系统，用于标线片检查		US 授权、WO 指定期满	3
3	US20140048707A1	2012.8	EUV 紧凑型同步加速器辐射源		US 授权、WO 指定期满	38
4	US20140217298A1	2013.2	光谱纯度滤光片过滤 EUV 波段以外的光		US、EP 授权，WO 指定期满	7
5	US20160128171A1	2014.11	EUV 光源中的碎片保护方法		US、JP、KR 授权，WO 指定期满	20

续表

序号	公开号	优先权日	技术要点	代表性附图	五局法律状态	施引（次）
6	US20200383200A1	2019.5	同步加速器源增加 EUV 光的集光率		US、JP、EP、KR 未决，WO 指定期满	1
7	US11442021B2	2019.10	用于光掩模检测中焦图生成的宽带光干涉法		US 授权，JP、EP、KR 未决，WO 指定期满	35

　　由表 5 - 1 - 3 可知，科磊关于 EUV 光源的专利文献较少，说明科磊在 EUV 光源方向的研发上还没有成熟的系统。上述 7 篇专利文献，主要分为两类：一类是激光等离子光源，另一类是同步辐射光源。

　　US9625810B2 公开了小亮度的 EUV 光源可用于 22nm 以下节点的 EUV 掩模缺陷检查。原理是利用以不同角度附连到连续旋转的基座或针对每个脉冲单独旋转以定位的多个平面镜或圆锥镜，可将反射光束引导通过一条公共光路；然后以通过聚光器将光聚焦到 EUV 掩模，随后可以通过一些成像光学器件将来自掩模的反射和散射光成像到一些传感器上，掩模图像可以随后被处理以获取缺陷信息。US9151718B2 公开复用镜系统从多个照明源接收照明脉冲，并将照明脉冲沿着照明路径引导至多个场镜小平面；镜小平面接收来自照明路径的至少一部分照明，并将至少一部分照明导向多个瞳孔镜小平面；孔镜小平面接收从场镜小平面反射的至少一部分照明，并将该部分照明沿传送路径引导至掩模板，以进行成像和/或缺陷检查。照明器布局可以通过利用两个或更多个多路复用照明源来提供具有足够亮度和均匀性的照明，从而能够进行 EUV 掩模板检查。US20140217298A1 公开了利用光谱纯度滤光片（SPF）设备对 EUV 光进行过滤，从而去除不需要的光束。US20160128171A1 公开了基于等离子体的光源中的碎片保护光学装置，该碎片保护装置用于使气体从多个喷嘴流出并以朝向等离子体的速度远离光学元件，从而防止碎片到达该光学元件。US11442021B2 公开了一种宽带光干涉仪，可以具有多个宽带光源及多路复用到光路中，每个光路提供不同的波长带。

　　US20140048707A1 公开了紧凑型同步加速器辐射源，相较于传统的放电产生的等离子体（DPP）和激光产生的等离子体（LPP），增加了检查吞吐量，同时减少了成和复杂性。US20200383200A1公开了非常明亮的同步辐射源，并提供足以维持多个检查或计量系统的辐射功率。为了克服自适应电子光学器件的缺陷，可以直接操纵同步加速器输出的EUV光的光学器件以增加光的集光率，并使EUV光的集光率与晶片中照明光学器件的集光率匹配。

通过对上述科磊EUV光源的专利分析可以得知，科磊在EUV光源方向的专利布局并不完善，专利数量甚少，其中有近一半专利同属于同一发明人。因此，以发明人王代冕为代表，对其进行深挖，发现在2011—2013年，以其作为第一发明人的专利申请的申请人或权利人都是科磊；而在2013年以后，以其作为第一发明人的专利申请的申请人或权利人都是ASML公司，反映了科磊在EUV光源方向上研发人员的不稳定性，也侧面反映了EUV光源研发还不属于科磊的重点研发方向，所以在研发人员的布局、管理上都不如DUV光源成熟化。除此之外，通过上述专利分析，发现七件专利都是通过PCT方式进入目标国，包括美国、韩国、日本以及欧洲，但是截至目前PCT指定期满，并没有进入中国。综合上述信息，在EUV光源方向，国内受科磊的制约程度不高，国内厂商可以在科磊EUV光源专利的基础上借鉴研究，同时完善国内专利布局，防御风险。

综上，从掩模板缺陷检测技术分支的技术路线以及相关产品的分析得知，在掩模板缺陷检测方面，随着节点要求逐渐减小，尤其是在2X nm节点以下，科磊改进技术重点集中在光源、探测器以及算法。截至目前，科磊已经形成较完善成熟的DUV光源体系以及探测器体系，算法也跟随计算机领域发展实时改进；但在EUV光源方向的研发上还没有成熟的体系。

5.1.4.3 套刻误差量测

套刻误差量测是光刻机精度控制的重要手段，帮助工程师发现、解决并监控套刻偏移。按照检测技术分类，套刻误差量测可分为光学量测、电子束量测和其他量测，光学量测又可分为基于图像的套刻误差量测（Image - Based Overlay，IBO）和基于光学衍射的套刻误差量测（Diffraction - Based Overlay，DBO），电子束量测主要为扫描电镜（Scanning Electron Microscope，SEM）。

前述对面向先进制程的量测重点技术分析可知，科磊是套刻误差量测全球重点申请人，其专利申请涉及DBO、IBO和SEM，且以光学量测技术为主。相应地，科磊的套刻误差量测产品包括Archer系列、ATL产品，Archer系列LCM型号包括IBO和DBO双模块，其他型号为IBO量测；ATL产品为DBO量测工具。

本部分围绕科磊的套刻误差量测系统Archer系列进行分析，按照前述分析方法对科磊套刻误差量测技术进行分析。Archer系列同时涉及DBO和IBO量测，科磊围绕DBO和IBO技术不断进行专利申请也说明其在两个技术方向均有研究。检索得到科磊涉及DBO专利申请67项，涉及IBO专利申请29项，图5 - 1 - 26为相关专利申请趋势图。可知，2011年前DBO相关专利申请维持在较低数量，2011年以后专利申请量较快增长并维持在较高数量；2010年前IBO相关专利申请维持在很低数量，2010年后尤其2017年以后每年在3项左右。结合Archer系列产品发布时间可知，2012年发布的

Archer 500 适用 2X/1Xnm 制程，2015 年发布的 Archer 500 LCM 适用 16nm 及以上制程，进一步表明 DBO 和 IBO 均为适用先进制程不断发展的套刻误差量测重点技术。

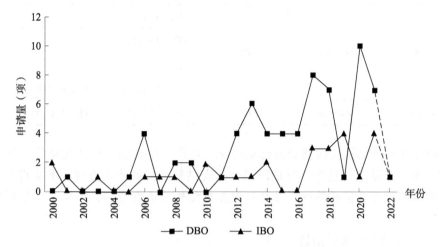

图 5 - 1 - 26　科磊 DBO、IBO 相关专利申请趋势图

Archer 系列产品包括 IBO 和 DBO 量测，系统从适用 45nm 制程的 Archer 100 逐步升级到最新的 Archer 750。各产品型号及其适用的半导体制程、梳理 Archer 各代产品升级换代过程中的关键技术（如表 5 - 1 - 4 所示）。

表 5 - 1 - 4　Archer 各代产品关键技术

产品型号	适用制程	发布时间	关键技术
Archer 750	/	2020. 2	先进算法
			rAIM 套刻目标设计
Archer 700	≥7nm	/	可调光源（Color per layer）
Archer 600	≥10nm	2017. 2	新型光学系统，包括更亮的光源和偏振模块
			新型 Pro AIM 量测图形
Archer 500 LCM	≥16nm	2015. 3	支持 IBO 和 DBO，提供多种量测选项，并支持各种套刻目标设计
Archer 500	2X/1Xnm	2012. 9	量测目标的多层设计
			快速地移动 - 获取 - 量测（MAM）时间
			提高量测精度
Archer 300 LCM	2X/1Xnm	2010. 6	量测精度和总量测不确定性（TMU）提高
Archer 300	/	/	芯片内套刻目标（AIMiD）

产品型号	适用制程	发布时间	关键技术
Archer 200	≥32nm	2008. 6	可变照明
			AIM 目标设计
			自动降噪算法
			长 PZT 提高 Z 方向微调聚焦能力
Archer 100	≥45nm	2007. 1	小尺寸先进成像计量标记（uAIM）

Archer 系列产品迭代包括套刻标记优化、量测系统升级、算法优化等，套刻标记优化贯穿整个产品迭代过程，且量测精度的提供是重要的改进方向。下文将以 Archer 系列产品关键技术为依托筛选科磊套刻误差量测相关重点专利，形成产品专利技术路线图。

（1）依据非专利文献信息

科磊官网宣传 Archer 700 的关键技术之一包括具有可调光源以准确可靠地量测套刻误差，但没有对可调光源进行更详细的描述。科磊发表的论文[1]公开了使用 CPL（Color Per Layer）模式可进行光源波长选择，且 CPL 技术已用于 Archer 700；相关地，科磊发表的论文[2]公开了宽带可调光源可提高套刻误差量测精度。结合上述两篇论文内容可知，为实现可调光源，其均使用了 CPL 技术，以 CPL 技术为突破口筛选得到 WO2018034908A1，公开了一种用于从宽带源产生多通道可调谐照明的系统及方法，从单个宽带照明源产生多个照明光谱，且实现手段为通过光谱滤波器，专利信息与论文信息高度吻合。进一步，该专利中并未有着多个光谱照明对于套刻误差量测的具体影响，而上述论文（Shlomit Katz et al, Table 1）公开了因不同光谱对 AIM 不同层具有不同的对比度效果，如图 5 – 1 – 27 所示，使用多光谱技术对不同层使用不同光谱可提高整体量测精度。论文对机理描述更详细，专利公开更多的技术细节，通过论文有助于专利筛选且二者结合可更好地理解技术。

科磊官网宣传 Archer 750 的关键技术之一包括新颖的 rAIM 套刻目标设计，但并未给出"rAIM"的具体含义，其发表的论文[3]（Nahee Park et al, SPIE Advanced Lithography + Patterning, 2022）具体描述了"rAIM"为 robust AIM，具体结构如图 5 – 1 – 28 所示。结合论文信息可知产品中应用套刻标记的具体结构，但是暂未筛选出科磊对应的专利。

---

[1] KATZ S, LEE H, LEE H, et al. OPO Residuals Reduction with Imaging Metrology Color Per Layer Mode [J]. SPIE Advanced Lithography, 2020.

[2] KIM H, et al. Enhancement of Overlay Metrology Accuracy by Multi – Wavelength Scatterometry with Rotated Quadrupole Illumination [J]. SPIE Advancel Lithography + Patterning, 2023.

[3] PARK N, et al. Overlay stability control in IBO measurement using rAIM target [J]. SPIE Advanced Lithography + Patterning, 2022.

Filter	Current Laye Contrast	Previous Layer Contrast	Measured AIM Target
NIR spectrum	Bad	Good	
Visible & NIR spectrum	Good	Bad	
Wide NIR spectrum	Bad	Bad	
UV spectrum	Good	Bad	

Table 1. An AIM overlay metrology target measured using several fixed spectral filters. Each layer reacts differently to each of the filters and cannot all be measured using a single filter type. To measure each layer under the most optimal conditions, a combination of two filters is required: NIR for the previous layer and UV for the current layer. The CPL recipe, using different filters for each layer, resolves the single-filter measurability issues.

图 5 − 1 − 27　不同光谱量测 AIM 标记对比图

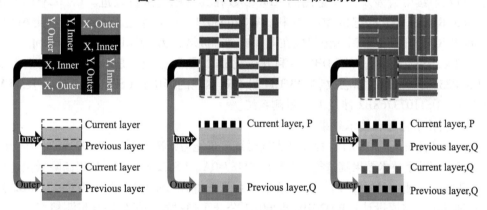

Figure 1. AIM versus rAIM target schematic： （a）　Clockwise oriented OVL target frame with the center of symmetry in each direction at inner and outer respectively； （b）　AIM target schematic which has current (top) layer in inner （blue color) and previous （bottom) ayer in outer （red color）； （c）　rAIM target schematic which has both current and previous layer vertically in each inner and outer by performing Moiré pattem.

图 5 − 1 − 28　AIM 与 rAIM 标记对比

（2）重点参考援引专利信息

一项专利被援引加入的次数可在一定程度上体现其重要性，一项专利在其公开后的不同年份被持续援引也可体现其重要性，一项专利被援引次数越多、被援引持续时间越长，为产品对应的专利可能性越高。综合考虑被援引次数和被援引持续时间，统计科磊套刻误差量测相关专利 157 项内的援引信息，从援引信息的角度筛选出被重点援引专利,如图 5 - 1 - 29 所示。其中横轴为最早优先权年,纵轴为重点专利公开号,一项专利对应的首个气泡大小代表其被援引的总次数,首个气泡之后的气泡大小代表在对应时间段内该项专利被援引的次数。

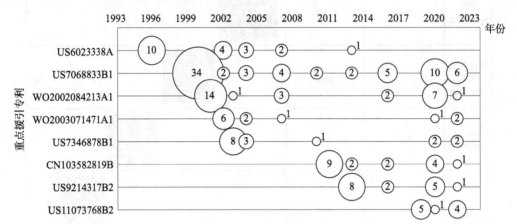

图 5 - 1 - 29   科磊套刻误差相关被重点援引专利统计图

注:图中数字表示专利被援引的次数,单位为次。

US6023338A 公开了新型周期性套刻标记及量测方法,可提高量测精度;US7068833B1 公开了 AIM 标记以提高耐受 CMP 和结构的其他相关劣化引起的工艺变化能力,科磊后续申请涉及 IBO 量测的 AIM 多数在其基础上进行改进。US6023338A 和 US7068833B1 是 AIM 标记的重点专利。WO2003071471A1 通过算法提高量测精度;US7346878B1 公开了将套刻标记集成在器件或管芯区域,为 AIMiD 相关重点专利。

WO2002084213A1 公开了 DBO 量测方法及 DBO 量测标记,是 DBO 技术的重点专利;CN103582819B 通过算法改善 DBO 量测不对称性的影响;US9214317B2 涉及 SEM 量测方法;US11073768B2 涉及 IBO 量测系统。

(3)从技术特征和技术效果入手

从技术特征长压电(PZT)提高 Z 方向微调聚焦能力筛选得到 US7800735B2;结合时间从提高量测精度技术效果筛选得到 WO2008118780A、US9329033B2;从提高降低快速地移动 - 获取 - 量测(MAM)时间技术效果入手筛选得到 US8930156B2;US9927718B2 公开的套刻标记为多层设计;WO2019108260A1 公开了通过算法优化提高量测精度。

(4)技术分支整体分析

Archer 系列产品从 Archer 100 到 Archer 750 升级过程的关键技术均包括套刻标记设计,多次出现"小型 AIM 量测目标""AIMi 目标""创新的 ProAIM 图形技术""rAIM 目标设计"等表述,可知套刻标记是贯穿 Archer 系列升级的关键技术,这与前期重点企业调研获知套刻标记是套刻误差量测不断向先进制程发展的关键技术之一相一致。下文将对科磊套刻标记相关专利申请进行整体分析。

综合考虑专利施引数、中美欧日韩五局申请、专利之间引用关系等因素,筛选出代表性专利并梳理得到科磊套刻标记相关专利申请技术演进路线(如图 5 - 1 - 30 所示),呈现以下特点。

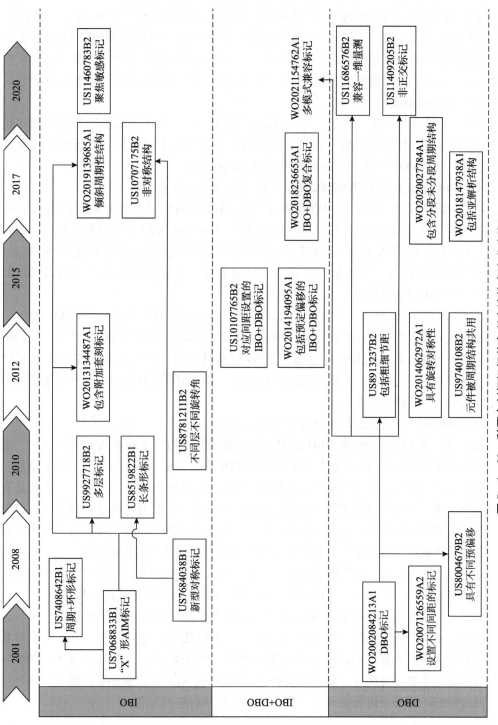

图 5 - 1 - 30 科磊套刻标记相关专利申请技术演进路线图

（1）IBO 套刻标记主要以 US7068833B1 为基础进行改进

US7068833B1 公开了 AIM 标记。在此基础上进行不断改进，US7408642B1 公开了 AIM 标记加环形标记的组合套刻标记，US9927718B2 公开了多层套刻标记，US8513822B1 公开了长条形（thin）套刻标记以节省面积，WO2013134487A1 公开了自对称结构和附加套刻标记的组合以减少空间，WO2019139685A1 公开了具有倾斜周期性套刻标记以提高在具有倾斜元件如 DRAM 中应用的量测准确度，US10707175B2 公开了非对称 AIM 以减小噪声。

此外，US7684038B1 公开了一种新型设计结构，相比 AIM 可最小化光学串扰对量测准确度的影响；US8781211B2 公开了套刻标记不同层的不同组具有不同的旋转角以降低串扰；US11460783B2 公开一种聚焦敏感套刻标记。

（2）DBO 套刻标记以 WO2002084213A1 为重要改进基础

WO2002084213A1 公开了 DBO 量测方法及 DBO 量测标记。在此基础上进行改进，WO2007126559A2 中周期性特征设置不同的间距，US8004679B2 中不同单元第一、第二光栅结构具有不同的预定义偏移，US8913237B2 中光栅包括粗节距和细节距，US11686576B2 设计与一维计量方法兼容的计量目标以占据较小面积，US11409205B2 公开了一种非正交目标设计。

此外，WO2014062972A 中周期结构具有旋转对称性以减小误差；US9740108B2 中目标元件被两个周期性结构共用可减小面积；WO2018147938A1 目标包括具有取代解析粗节距光栅的亚解析结构的额外单元，且/或包括具有粗节距周期性的交替亚解析结构，以隔离并移除光栅非对称所导致的不精确性；WO2020027784A1 中一个周期结构进行分段而另一周期结构未分段。

（3）IBO + DBO 复合套刻标记为研发方向之一

复合套刻标记用于 IBO 和 DBO 量测是科磊套刻标记相关专利申请的方向之一，这与 Archer 系列 LCM 型号产品包括 IBO 和 DBO 双模块相一致。WO2014194095A1 公开一种周期性结构不同部分处引入不同的偏移的复合标记；US10107765B2 中第一光栅具有图像间距、第二光栅具有散射量测间距；WO2018236653A1 公开一种复合标记结构以减小面积；WO2021154762A1 公开一种包括与第一模式兼容的第一组图案、与第二模式兼容的第二组图案，第二组图案包含第一组图案的一部分的多模式套刻标记。

以上述分析为基础，结合援引信息、施引次数、最早优先权时间等，US7408642B1、WO2014194095A1、US10107765B2 列为 AIM 相关关键技术对应的重点专利。

利用依据非专利文献信息、重点参考援引专利信息、从技术手段和效果入手、进行技术分支整体分析等手段，以 Archer 系列产品关键技术演进为依托，筛选出了科磊套刻误差量测产品关键技术对应的绝大部分重点专利（如图 5 - 1 - 31 所示）。当然存在几项关键技术如可变照明、新型光学系统、新型 Pro AIM 量测图形等，因有效信息较少或没有对相应的分支进行更深入的分析，没有找到对应的专利。

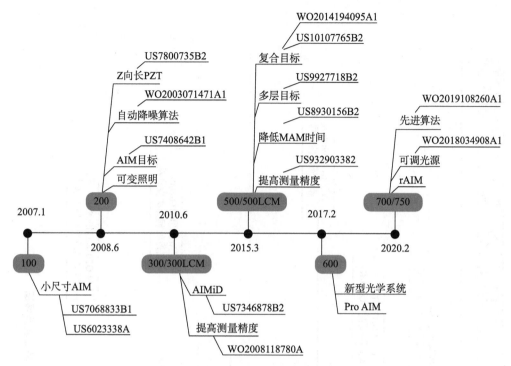

图 5 – 1 – 31　Archer 系列产品关键技术对应重点专利关系图

结合关键技术、重点专利及其引用关系得到 Archer 系列产品专利技术路线（如图 5 – 1 – 32 所示），各项专利依照最早有限权日与时间线进行大致对应。通过产品专利路线图，可知科磊套刻误差量测向先进制程发展时的改进重点包括套刻标记的不断优化，以及以降低误差、提高精度为目的的量测系统和算法的不断改进。

综上，本书围绕 Archer 系列产品关键技术筛选科磊套刻误差量测相关重点专利并进行了分析。在技术方向上，科磊 IBO 和 DBO 技术并行发展；向先进制程发展时套刻误差量测的改进重点包括套刻标记的不断优化，以及以降低误差、提高精度为目的的量测系统和算法的不断改进；IBO 套刻标记专利申请主要以 US7068833B1 为基础进行改进，DBO 套刻标记专利申请以 WO2002084213A1 为重要改进基础，IBO + DBO 复合套刻标记为研发方向之一。

5.1.4.4　关键尺寸量测

半导体关键尺寸量测在半导体制备工艺中测量指定位置处纳米结构的线宽、孔径、高度和侧壁角等形貌参数，其技术手段主要依赖于光学散射法的非成像式量测技术，是保证半导体工艺稳定性的重要手段。关键尺寸量测通常包括光学关键尺寸量测和电子束关键尺寸量测这两种技术手段。由于电子束关键尺寸量测的测量速度较慢，并且其测量是破坏性测量，故满足不了半导体工艺中在线、无损测量的要求；相对而言，光学关键尺寸量测在这方面具有更大的优势。

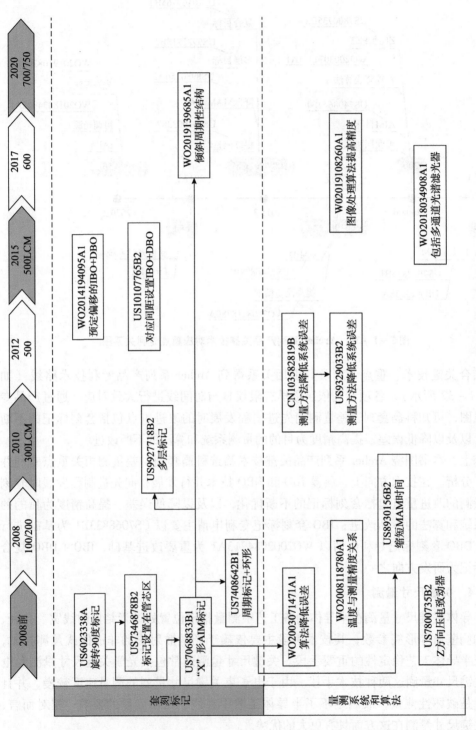

图 5 - 1 - 32　Archer 系列产品专利路线图

　　目前光学关键尺寸量测设备的最大产品供应商是美国科磊（SpectraShape 系列产品）。此外，该公司还于 2022 年 12 月推出了首台 CD－SAXS 设备（Axion®T2000）。

　　本部分以美国科磊的光学关键尺寸量测设备 SpectraShape 系列产品为例，通过前述分析方法梳理美国科磊在关键尺寸量测领域的重点专利申请及技术发展脉络。

　　表 5－1－5 根据美国科磊官方网站上公开的产品信息，对 SpectraShape 系列产品的型号、适用制程、发布时间以及涉及的关键技术进行了简单梳理。从其公开的适用制程来看，SpectraShape 9000 系列之后是面向先进工艺制程的产品，并且从该系列开始，之后历代产品都对 FinFET、3D NAND 等三维器件结构的关键尺寸量测进行了重点改进。因此本部分针对这几代产品，结合相关的专利信息重点分析其在三维器件结构的关键尺寸量测方面所作的改进。

表 5－1－5　关键尺寸量测各代产品关键技术

产品型号	适用制程	发布时间	关键技术
SpectraShape 8810/8660	≤32nm	2011.3	AcuShape™2 建模软件，可自行建模
			多通道设计，采集多通道信号
			8810 可选择深紫外光照
SpectraShape 9000	≤20nm	2013.2	激光驱动的等离子光源
			支持专为多次光刻而设计的创新量测目标
			首次支持 FinFET、3D NAND
SpectraShape 10K	≤10nm	2017.2	椭圆测厚仪的全新偏振能力和多角入射
			反射计的 TruNI™ 照明新型高亮度光源
SpectraShape 11K	≤10nm	2020.2	改进的工作台
			快速多角度（FMA）以高信号强度从多个照明角度同时收集数据
			扩展的红外波长范围、高分辨率反射仪和可容纳高弓形晶圆的新型卡盘
			TurboShape™算法
Axion®T2000	≤10nm	2022.12	透射式 CD-SAXS 量测技术
			高通量 X 射线源
			最大衍射级分离
			高分辨率探测器
			采用 AOI（入射角）动态范围的精确移动控制样品台
			AcuShape® 建模

从表 5-1-5 可以看到，SpectraShape 系列产品的关键技术主要分布在特定的建模算法（AcuShape®2 建模和 TurboShape™算法）、量测方法（多通道、多入射角、多角度信号采集）、光源（激光驱动的等离子光源和 TruNI™ 照明新型高亮度光源）以及相关结构部件（新型卡盘、反射仪）这四个方面。此外，表 5-1-8 也展示了 Axion® T2000 CD-SAXS 设备的关键技术，其中部分关键技术与 SpectraShape 系列是相同的。

图 5-1-33 对比了美国科磊在光学关键尺寸量测和 CD-SAXS 这两方面的申请量趋势。可以看到，2012—2017 年，美国科磊在光学关键尺寸量测方面的专利申请量相对比较多；2018 年出现一个申请量的波谷之后申请量又小幅回升，而涉及 SpectraShape 系列关键技术的相关专利申请大部分都是在 2012—2017 年这一阶段申请的。从 2016 年之后，美国科磊在 CD-SAXS 方面的专利申请量开始逐渐增加，达到了与光学关键尺寸量测相当的水平。

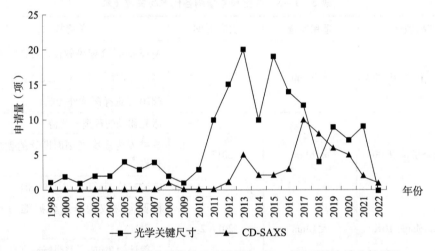

图 5-1-33　美国科磊光学关键尺寸量测和 CD-SAXS 的申请趋势对比

下面结合产品信息及相关非专利文献信息、援引专利信息以及技术分支整体来分析美国科磊在关键尺寸量测方面的重点专利技术以及技术演进路线。

（1）依据非专利文献及产品信息

在算法方面，美国科磊的 SpectraShape 系列涉及两种主要算法：AcuShape® 建模算法以及 TurboShape™算法。根据美国科磊对于 SpectraShape 8810/8660 产品的介绍以及非专利文献❶对于 AcuShape®2 建模算法的描述，该算法是美国科磊和日本东京毅力科创株式会社联合开发的，利用浮动参数和固定参数的组合来打破光学参数之间的耦合或相关性。结合相关关键词、申请人以及申请年份信息，筛选出美国专利 US20120022836A1。该专利公开了自动确定最佳参数化散射量测模型的方法，其预处理

❶ Huang Y H, Chen H, Shen K, et al. Scatterometry Measurement for Gate ADI and AEI Critical Dimension of 28-nm Metal Gate Technology [J]. Proceedings of SPIE-The International Society for Optical Engineering, 2011, 7971 (10): 170-177.

器从多个浮动模型参数中确定一组简化的模型参数，这些模型参数浮动在散射量测模型中。

TurboShape™算法本质上是一种先进的机器学习算法，可以工作在有模型和无模型两种模式下，相对于传统的严格模型具有更强的鲁棒性。结合非专利文献 *New Methodologies：Development of Focus Monitoring on Product* 中对于 TurboShape™算法的描述获取关键词"Signal response metrology"，通过检索并追踪获取多件相关专利 US10101670B2、US9875946B2、US20160109230A1 及 US10365225B1。其中第一件专利文献 US10101670B2 公开的即是基于统计模型的关键尺寸量测方法，而其他三件都是针对该件专利所作的算法改进。

在量测方法方面，SpectraShape 9000、SpectraShape 10K 和 SpectraShape 11K 这三款产品均涉及多通道设计、多入射角以及多通道和多角度采集信号。通过相关关键词筛选出多件相关专利 US20040190008A1、US20060126079A1、US7567351B2、US9116103B2 和 US20170356800A1。这些专利通过多个光源引入多通道量测，或者通过光源角度的变化改变光源入射角，相应地，信号探测也采用多通道或多角度采集，如此可减少或消除要参数之间的量测相关性，提高量测的灵敏度。

在光源方面，专利申请 US9400246B2 公开了其照明光源为激光驱动等离子光源，该光源通过在大于检测器带宽的频率上调制泵浦源，在特定频率带宽内减小噪声电平，从而降低等离子体源的输出照明中的噪声水平。在结构部件方面，专利申请 US9921152B2 公开了扩展的红外光谱椭圆仪的系统，其在紫外、可见和红外波长下对半导体结构同时进行光谱量测，可实现高纵横比结构的高通量量测，同时具有较高的精准度。

在 CD – SAXS 方面，结合 Axion ®T2000 产品的详细介绍，筛选出涉及其关键技术的相关专利：US7929667B1 和 US9693439B1 涉及高通量 X 射线源，主要采用基于液态金属射流的 X 射线源；US10775323B2 涉及最大衍射级分离技术，采用全光束 X 射线束照射样品，并同时检测相对于样品一个或多个入射角的零衍射级和更高衍射级的强度，通过同时量测直接光束和散射光阶可以提高吞吐量，并提高量测精度；US10767978B2 涉及高分辨率探测器，采用具有小点扩展函数（PSF）的高分辨率探测器来减轻探测器 PSF 对可达到的 Q 空间分辨率的限制；US11073487B2 涉及精确移动控制样品台，该定位系统垂直定位晶片，并在不衰减透射辐射的情况下相对于 X 射线照明光束在六个自由度上主动定位晶片。

图 5 – 1 – 34 展示了美国科磊关键尺寸量测设备历代产品关键技术的演进情况。结合表 5 – 1 – 8 可知，美国科磊 SpectraShape 系列产品各代的改进都有所侧重，比如：SpectraShape 8810/8660 系列侧重在量测方法上的改进；SpectraShape 9000 系列则着重在光源方面的改进；而 SpectraShape 11K 系列则在算法上采用机器学习，进一步提高了量测吞吐量和可靠性。此外，从 SpectraShape 9000 系列开始对 FinFET、3D NAND 等三维器件结构的关键尺寸量测进行很大的改进，结合相关专利及产品介绍可知，高亮度光源在其中发挥着重要作用。

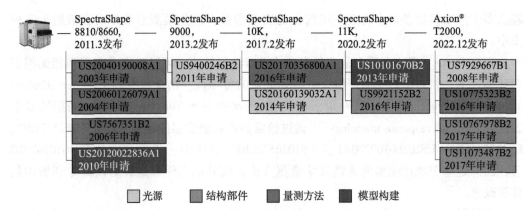

图 5-1-34　美国科磊关键尺寸量测设备历代产品关键技术演进

（2）参考援引专利信息及自引信息

首先需要说明的是，对于 CD-SAXS 技术，第3.1.3 小节已经作了较为详细的分析，并且从全球来看，CD-SAXS 技术仍然是以美国科磊为主导，CD-SAXS 技术本身即是面向先进制程的量测技术。因此在本部分"参考援引专利信息及自引信息"以及下一部分"技术分支整体分析"中不再针对 CD-SAXS 技术展开详细分析，而仅针对光学关键尺寸量测技术进行分析。

前面也提到，美国科磊 SpectraShape 系列设备的关键技术主要涉及光源、量测方法、模型构建及结构部件这四方面。为了进一步研究美国科磊的技术演进情况，本部分参考援引专利信息及自引信息构建该公司专利引文的自引网络，并结合 Pajek 的引用网络主路径分析方法构建技术发展路线。

首先通过图5-1-35 所示可知，美国科磊在模型构建方面的专利申请量是最大的，而量测方法和结构部件方面的专利申请量依次位列第二、第三，在光源方面的专利申请量相对较少。近5年的专利申请量仍然集中在模型构建和量测方法上。

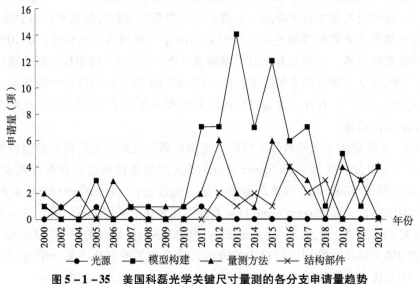

图 5-1-35　美国科磊光学关键尺寸量测的各分支申请量趋势

　　因此本部分重点利用 Pajek 的引用网络主路径分析方法研究美国科磊在光学关键尺寸的模型构建和量测方法上的技术演进，如图 5 – 1 – 36 所示。

　　从图中可以看到，在量测方法方面，美国科磊的研究主线是多波长入射光，多入射角、多方位角或者多偏振方向照射，并从多个角度采集相应的信号，如此可增加采集到的光散射信号，同时弱化多个参数之间的相关性，提高量测的可靠性。相关的技术在非专利文献 *Scatterometry measurement for gate ADI and AEI critical dimension of 28-nm metal gate technology* 中也有相关记载。US8040511B1 成为该条研发主线的基础专利，它涉及光学方位角的确定方法。因为相关的方位角是量测过程中关键的参数，如何准确确定照射光的方位角，是进行多入射角、多方位角量测的基础。从美国科磊官方公开的产品关键技术来看，通过引用网络主路径分析方法筛选出的研发主线与 SpectraShape 系列历代产品的亮点几乎是一致的。

　　随着半导体器件结构朝向三维化发展，所使用的光波段也发生了变化。US20200240907A1 这篇专利文献公开了在中红外波长执行高纵横比结构半导体结构的高通量光谱量测技术，这为光学关键尺寸量测在先进制程（例如 FinFET、3D NAND 等三维器件结构）中的应用提供了一个研发方向。尽管光学关键尺寸量测技术面临三维器件结构时存在一定的挑战，但是通过光波段、光照射方式的选择也能够实现相应的量测需求。

　　在模型构建方面，美国科磊的研发主线在于如何快速配置相应的量测模型，并基于量测模型快速模拟出相应的光谱信号，以此通过量测得到的光散射信号快速获取纳米结构的相关结构参数，提高量测的吞吐量。US20120323356A1 和 US20130110477A1 这两件专利在模型构建方面做了开创性的工作，它们公开了两种不同的模型构建方式来实现在有限信息的情况下生成周期性结构的精确模型，减少模型参数但不损失模型的精度，这是从模型构建方面提高量测吞吐量的关键。后续的相关专利涉及美国科磊 AcuShape 建模算法和 TurboShape 算法，前者是基于模型的严格算法，而后者则是基于机器学习的量测算法，其可以基于模型，也可以无模型量测。此外，在模型构建方面还有多件专利涉及模型构建过程中噪声的跟踪与消除，比如 US20140347666A1 涉及跟踪工艺过程引起的参数变化及几何误差并进行模型的修正，US20200232909A1 则涉及模型构建过程中消除大数值孔径收集光时引入的与不希望有的衍射级相关的光所带来的噪声。

　　（3）技术分支整体分析

　　对于光学关键尺寸量测，SpectraShape 9000 系列产品之后均针对 FinFET、3D NAND 等三维器件结构的关键尺寸量测进行了改进。2011 年英特尔公司首次将 FinFET 这种三维结构应用于 22nm 工艺节点，并且工艺节点从 22nm 提升到 5nm 的过程中，一直都是 FinFET 结构在发挥作用。因此，有必要针对 FinFET、3D NAND 这些特定的应用场景研究光学关键尺寸量测技术的应用。

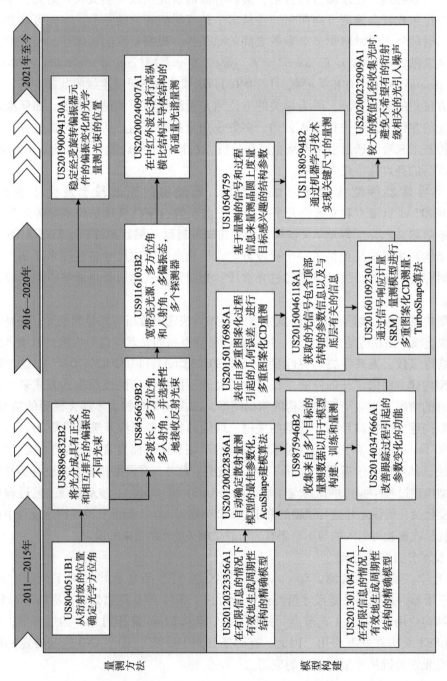

图 5-1-36 美国科磊光学关键尺寸量测在量测方法和模型构建方面的技术演进

针对美国科磊的 157 项光学关键尺寸量测技术的相关专利，以"FinFET、3D NAND、高纵横比、高深宽比"等关键词筛选出针对这些特定应用场景的相关专利共 40 项，它们的具体分布如表 5 - 1 - 6 所示。

表 5 - 1 - 6　针对三维结构的光学关键尺寸量测的相关专利分布

类别	数量（项）	占比（%）
模型构建	24	60
量测方法	9	22.5
结构部件	7	17.5

通过阅读分析梳理出针对三维结构的光学关键尺寸量测的改进方向，如图 5 - 1 - 37 所示。从图中可以看到，美国科磊光学关键尺寸量测技术应用于三维纳米结构量测时所做的主要改进方向集中于量测方法、模型构建和结构部件，其中结构部件与量测方法的改进部分是相辅相成的，例如扩展的红外光谱椭圆仪、红外光谱反射仪的改进与量测方法中采用全波段照射光是相对应的，因为全波段照射光的应用中涉及红外光散射信号的收集，需要使用对应的红外光谱信号探测器。针对三维纳米结构的关键尺寸量测，美国科磊在模型构建上所做的改进是最多的，其中又以机器学习方向的改进为主导。

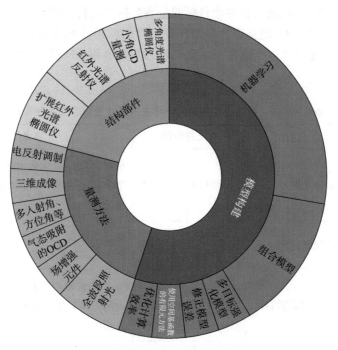

图 5 - 1 - 37　美国科磊光学关键尺寸量测
应用于三维结构量测时的改进方向

进一步结合表 5-1-7 所示各改进方向的代表专利及相关技术要点可知，针对 FinFET、3D NAND 等三维纳米结构的量测模型需要增加参数数量，具体而言从以下三方面来获得更多的参数：

一是量测方法方面。在多个机器参数的较大范围内执行量测，例如专利申请 US20200240907A1 所公开的多入射角、方位角，或者多波段、多偏振态的光照射样品，甚至如专利申请 US8860937B1 那样采用全波段的光（包括紫外光、可见光和红外光）照射样品；或者借助相应的辅助手段，例如 US20130222795A1 公开的场增强元件、US20230109008A1 公开的电场反射调制以及 US10281263B2 公开的借助气态吸附来丰富量测的数据集。

二是结构部件方面。使用更多的量测手段来量测复杂结构，例如专利申请 US20170356800A1 利用多角度光谱椭圆仪对入射角、方位角或两者的每个不同范围执行单独的光谱量测，专利申请 US9952140B2 结合小角度光谱椭圆仪及小角度光谱反射仪来构成小角度关键尺寸量测系统。但是更多的参数数量将增加计算时间，从而影响量测吞吐量。因此，在增加量测模型参数数量的前提下，美国科磊还从模型构建方面进行优化，以便在较短的计算时间内建立量测模型并从量测数据拟合获取纳米结构的尺寸参数。

三是模型改进方面。机器学习的地位非常重要，从表 5-1-7 可知机器学习的主要改进方向在于如何获取以及获取哪些原始量测数据来训练相应的量测模型，例如专利申请 US10101670B2 收集来自多个目标的量测数据以进行模型构建、训练和量测；专利申请 US20160141193A1 组合来自多个计量工具的原始数据进行机器学习；而专利申请 US11380594B2 则基于一个或多个关键参数和与光谱相关联的低维实值向量来训练神经网络。

表 5-1-7　针对三维结构的光学关键尺寸量测的代表性专利

类别	改进方向	代表专利	技术要点
量测方法	场增强元件	US20130222795A1	场增强元件被构造为样品的一部分，以增强样品上存在的目标结构的量测灵敏度
	全波段照射光	US8860937B1 US10690602B2	包括紫外光、可见光和红外光的照射光照射至高纵横比结构
	借助气态吸附的 OCD	US10281263B2	含有填充物的吹扫气流处理量测目标，量测目标被填充前后分别量测收集光谱数据
	多入射角、方位角，多波段和多偏振态的任意组合	US20200240907A1	傅里叶变换红外光谱仪以多个不同的入射角、方位角，不同的波长范围，不同的偏振态或其任意组合来量测目标

续表

类别	改进方向	代表专利	技术要点
量测方法	增强分辨率的三维成像	US20220252512A1	利用次表面成像的技术对两个或更多个成像深度处的样品进行成像
	电反射调制增强数据集的丰富性	US20230109008A1	电场反射调制改变了被测材料的介电函数，从而使用丰富的数据集执行量测，其包括在时变光和电场条件下收集的量测信号
模型构建	多目标强化模型	US20130116978A1	收集主要和次要目标的参数，并将其合并至量测模型中，利用定制设计的次要靶来改善复杂结构量测的灵敏度
	组合模型	US20130304408A1	基于与初始量测模型相关的可用过程变化信息和光谱灵敏度信息来确定量测模型，相应的量测模型具有较少的浮动参数和较少的参数相关性
		US20130305206A1	通过将量测模型与过程变化的交叉晶圆模型一起约束来优化量测模型
		US20140172394A1	基于计量的目标模型与基于过程的目标模型相集成形成量测模型
		US11378451B2	两个或更多个层的多层光栅模型包括指示多层光栅的测试层的几何形状的几何参数和指示测试层色散的色散参数
	机器学习	US10101670B2	收集来自多个目标的量测数据以进行模型构建、训练和量测
		US9875946B2	与多个目标相关联的量测数据的使用消除了或显著降低了量测结果中下层的影响，并使量测更加准确
		US20160141193A1	组合来自多个计量工具的原始数据进行机器学习
		US10365225B1	SRM 模型使用从晶片上的多个量测位置收集的整个原始量测数据集，以在每个单独的位置进行训练和随后的量测

续表

类别	改进方向	代表专利	技术要点
模型构建	机器学习	US20160282105A1	训练后的参数隔离模型接收原始量测信号，并隔离与特定感兴趣参数关联的量测信号信息，以用于基于模型的单参数估计，可减少了计算量
		US10380728B2	基于量测的图像和每个图像内的特定结构的相应参考量测值来训练基于图像的信号响应度量（SRM）模型
		US11313809B1	量测模型是基于与由不同组过程参数值生成的形状轮廓的量测相关联的模拟量测信号来训练的
		US11380594B2	基于一个或多个关键参数和与光谱相关联的低维实值向量来训练神经网络
	修正模型误差	US20140347666A1	性能评估包括随机扰动、系统扰动或两者兼有，以有效地表征模型误差，计量系统缺陷和校准误差等的影响
	使用空间基函数的有限元方法	US9915522B1	提供衍射结构的3D空间模型并将该模型离散化为3D空间网格
	优化计算效率	US20160246285A1	通过空间谐波的多次截断来优化计算效率
结构部件	小角度光谱椭圆仪 + 小角度光谱反射仪	US9952140B2	小角度光谱椭圆仪结合小角度光谱反射仪构成小角CD量测系统，其在光路上具有施瓦茨基物镜，其中小角度光谱椭圆仪配置为在完整的Mueller Matrix模式下运行
	扩展红外光谱椭圆仪	US9921152B2	在紫外、可见和红外波长下对半导体结构进行同时光谱量测
		US11662646B2	照明源生成宽带IR辐射辅照样本
	多角度光谱椭圆仪	US20170356800A1	对入射角、方位角或两者的每个不同范围执行单独的光谱量测
	红外光谱反射仪	US10215693B2	在红外波长下执行半导体结构的光谱反射测量
		US11231362B1	傅里叶变换红外反射仪（FTIR）光谱仪和宽带反射仪光学器件

除了机器学习，针对传统的严格模型算法，美国科磊还采用了多目标强化模型和组合模型来改善模型构建的速度和灵敏度，例如专利申请 US20130116978A1 收集主要和次要目标的参数，并将其合并至量测模型中，利用定制设计的次要靶来改善复杂结构量测的灵敏度；再如专利申请 US20130305206A1 通过将量测模型与过程变化的交叉晶圆模型一起约束来优化量测模型，而 US20140172394A1 则基于计量的目标模型与基于过程的目标模型相集成形成量测模型。在模型的构建过程中，美国科磊还进行了模型误差的修正以及计算效率的优化等方面的改进。

由上可知，美国科磊针对 FinFET 等三维纳米结构的光学关键尺寸量测进行了比较全面的改进，在图 5 – 1 –37 所示的三个改进方向上是相互支撑、相互促进的，依靠任一单独的改进手段都难以获得理想的量测效果。

5.1.5　专利布局策略

对科磊重点技术进行分析过程中发现其注重专利布局，以光源、探测器、套刻标记等技术主题为代表，对科磊专利布局进行分析，包括以下布局策略。

（1）围绕技术问题提出不同技术手段演进式布局

对于激光维持等离子体光源，等离子体核心中被加热的气体作为热气羽流离开等离子体区域，气体湍流和不稳定流动容易引起光源不稳定，科磊围绕提高激光维持等离子体光源气流稳定性不断演进布局了六项专利（如图 5 – 1 –38 所示）。US9099292B1 公开了设置外部冷却装置冷却循环对流气体，提高气体稳定性；US9390902B2 公开了设置收集元件用于控制激光维持等离子体中的对流流动，提高羽流稳定性；US10690589B2 公开了设置等离子体容器，配合封闭的再循环回路不使用机械辅助情况下驱动气流循环；US11450521B2 公开了设置包括一个或多个气体增压器的再循环气体回路；US11690162B2 公开了设置等离子体容器的气体进出入口以产生涡流气流；WO2022226135A1 公开了设置等离子体容器的气体进出入口以产生逆向涡流气流。

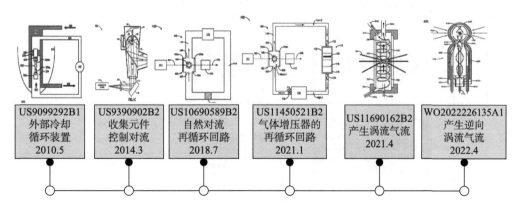

图 5 – 1 –38　激光维持等离子体光源提高气流稳定性演进式专利布局

此外围绕脉冲光源峰值功率导致损伤进行多项降低峰值功率的专利申请也体现了这一策略（参见第 5.1.3.2 节重点发明团队分析）。

（2）横向扩展与纵向延伸相结合的专利布局策略

参见图 5 - 1 - 39，对于探测器器件结构，增加硼层可用于改善 DUV 光吸收特性首先在 US9496425B2 中提出，其用于背照式 CCD 器件，随后进行横向扩展，将硼层的应用扩展到不同的器件，US9601299B2 中将硼层用于 EBCCD 器件，US9620341B2 将硼层用于 PMT 器件。在纵向延伸方面，在 US9496425B2 将硼层用于 CCD 的基础上，US9748294B2 进一步在硼层上增加抗反射层，US9620547B2 进一步将硼层/抗反射层用于背照式雪崩探测器，在该背照式雪崩探测器的基础上，US11114489B2 进一步在邻近硼层设置硼掺杂层，US11114491B2 邻近硼层设置浓度梯度的第二外延层，WO2021207435A1 进一步在 SOI 衬底上邻近硼层设置浓度梯度的掺杂层，不断优化器件性能。

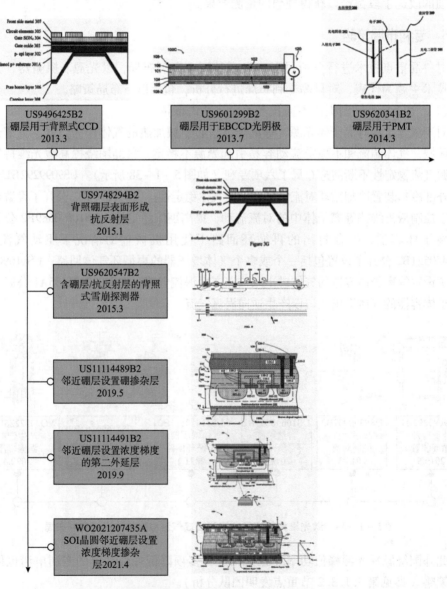

图 5 - 1 - 39　硼层在探测器中应用相关专利申请布局

此外，四硼酸锶材料在涂层、玻璃、光学晶体中的应用也体现了横向扩展的布局特点（参见第 5.1.3.2 节重点发明团队分析）。

（3）围绕基础专利进行多方面改进式布局

科磊 IBO 套刻标记相关专利呈现围绕基础专利进行多方面改进式布局特点（如图 5 - 1 - 40 所示），US7068833B1 为在先申请的 AIM（Advanced Imaging Metrology）标记，此后以其套刻标记为基础特征，通过增加或修改不同特性申请了多件专利。其中 US7408642B1 增加环形标记，WO2013134487A1 包含附加套刻标记，US8513822B2 设置标记整体为长条形状，US9927718B2 设置标记为多层，US10707175B2 将标记设置为非对称结构，WO2019139685A1 将标记设置为倾斜周期结构。

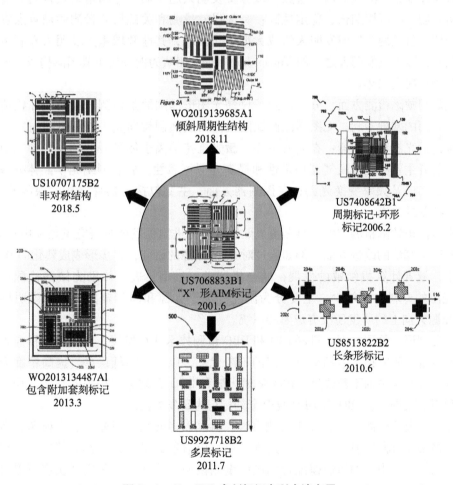

图 5 - 1 - 40　IBO 套刻标记专利申请布局

此外，DBO 套刻标记的改进也为该策略的具体应用（参见第 5.1.4.4 节关键尺寸量测）。

5.1.6 小 结

5.1.6.1 主要结论

科磊在量检测领域六个重点一级分支全球和在华均有专利布局，且以晶圆缺陷检测、关键尺寸量测、套刻误差量测和掩模板缺陷检测为重点；晶圆缺陷检测相关专利申请量始终维持在较高的比例，但在 2019 年以后呈下降趋势，2013 年以后套刻误差申请量占比在全球和在华呈现增长趋势，掩模板缺陷检测申请量占比在全球和在华呈现降低趋势；科磊有效专利比例高、专利维持年限长，全球专利布局完善。

科磊涉及量检测领域六个重点一级分支发明人超千名，专利申请量排名靠前的重点发明人创新活跃周期长、稳定性高；套刻误差量测和关键尺寸量测领域重点发明人合作密切，且该两个领域发明人组成大型协作网络，其他领域重点发明人专利申请相对较独立；以重点发明人之一的 Yung - ho Chuang 团队为例分析了其团队构成、研究特点以及最新研究趋势。

在晶圆缺陷检测方面，分析得到了科磊无图形晶圆缺陷检测产品对应在检测模式和光路方面的基础专利。无图形晶圆缺陷检测由成熟制程向先进制程发展时重点研究的技术包括光源和探测器：在光源方面，激光维持等离子体光源和频率变换光源并行发展，前者主要围绕提高气流稳定性和提高光源可靠性，后者围绕光学晶体处理、降低峰值功率以及频率变换光路；在探测器方面，主要包括对器件结构、探测器架构、探测器控制的改进。

在掩模板缺陷检测方面，科磊由成熟制程向先进制程发展时研究重点集中在光源、探测器以及算法的改进方面。例如通过对 DUV 光源的研究，逐步形成成熟化的 DUV 光源体系；随着计算机领域的发展，结合机器学习模型，进一步助力缺陷检测；关于 EUV 光源的专利文献较少，主要分为激光等离子光源和同步辐射光源，说明科磊在 EUV 光源方向上的研发还没有成熟的系统。

在套刻误差量测方面，科磊 IBO 和 DBO 量测技术并行发展，由成熟制程向先进制程发展时重点研究技术包括套刻标记的不断优化，以及以降低误差、提高精度为目的的量测系统和算法的不断改进；IBO 套刻标记和 DBO 套刻标记相关专利申请均围绕基础专利不断改进，且 IBO 与 DBO 复合套刻标记为研发方向之一。

在关键尺寸量测方面，关于量测方法，科磊以多波长入射光，多入射角、多方位角或者多偏振方向照射，并从多个角度采集相应信号的量测方法作为其研发主线；关于模型构建，集中于如何快速配置相应的量测模型，并基于量测模型快速模拟出相应的光谱信号，以此快速获取纳米结构的相关结构参数，提高吞吐量。从产品迭代看，高亮度光源在光学关键尺寸量测方面的作用不能忽视；针对 FinFET、3D NAND 等三维纳米结构的光学关键尺寸量测，科磊从量测方法、结构部件以及模型构建三方面进行全方位的改进。

在专利布局策略方面，光源相关专利申请为围绕技术问题提出不同技术手段的演进式布局策略；探测器相关专利申请为横向扩展与纵向延伸相结合的专利布局策略；

IBO 套刻标记相关专利申请为围绕基础专利进行多方面的改进式布局策略。

5.1.6.2　主要建议

（1）将研发重点放在其核心产品线上，在有技术共通性的产品领域上继续进一步拓展

由科磊历程可知，其不同阶段具有不同的发展策略。现阶段我国量检测设备企业普遍处于为尽快满足国产化替代需求推出产品阶段，设备综合性能与科磊等国外公司尚有差距，因此国内设备厂商应该将研发重点放在其核心产品线上，不断调试、优化以缩小差距；关于利用不同的量测设备之间、检测设备之间的技术共通性，如科磊套刻误差量测和关键尺寸量测发明人协作网络，国内设备公司可选择对已经量产的产品向与其有技术共通性的产品类别拓展。

（2）进一步细化运营管理团队，优化团队配置

进一步细化运营管理团队，将每个产品线的研发及销售团队进行细化并独立管理，进一步加强运营管理体系，同时也有利于对已有产品的改进和数据收集，提升整体研发效率；优化团队配置，建立系统、组件、元件多业务专长团队合作研究，以满足系统需求带动组件、元件研发。

（3）各重点技术分支由适用成熟制程发展到面向先进制程后技术研究重点有侧重

国内设备商当前产品多数适用于成熟制程，进一步研发面向先进制程的产品时研究重心需有所侧重。晶圆缺陷检测、掩模板缺陷检测适用成熟制程时注重检测模式和光路设计，面向先进制程后要注重光源、探测器、算法研究；在套刻误差量测方面，套刻标记的改进贯穿向先进制程转变的整个过程，量测系统和算法的不断改进也是重要方向；关键尺寸量测面向先进制程时侧重算法、光源方面改进，以及对适用 FinFET、3D NAND 特定应用场景量测的改进。

（4）加强基础研究与开发，增强专利布局意识

设备制造企业通常精于系统集成，而关于光源、探测器等零部件通常需外部采购。但半导体量检测具有其专业性，需要对通用器件进行适应性改进。科磊作为设备提供商，重点技术包括对光学晶体的处理、硼层在探测器中的应用。这启发国内设备制造商在研发面向先进制程产品时，建立专业人员团队对包括材料、元件等技术领域加强基础研究与开发。国内企业可借鉴科磊专利布局策略，增强专利布局意识。科磊围绕基础专利进行改进布局同时也提供一种包绕式专利布局策略，因此，对于国外重点专利，国内企业可进行包绕式申请。

5.2　日　立

从本书前面章节中半导体量检测设备行业的市场格局、量检测技术全球主要申请人的申请情况等披露的信息可以看出，在量检测领域，无论从市场端还是技术端，日立都是一个非常重要的申请主体。本节将对该申请人展开分析。

5.2.1 日立概况

日立（HITACHI），是来自日本的全球 500 强综合跨国集团。半导体量检测领域为其旗下的日立高新技术集团的主营业务之一。日立高新技术（又称"日立全球先端科技"，Hitachi High-Tech，THH），前身成立于 1947 年，主要布局半导体制造和检测、科学医疗系统、仪表系统和其他工业零部件。半导体测试领域产品为 CD-SEM、暗场检测设备、宏观检测设备、缺陷复查显微镜等。为统一本书对申请人称谓，下文简称"日立"。

在半导体量检测领域，日立产品和服务分四大块：扫描电镜、检测方案、计量解决方案及对应的计量数据解决方案。从图 5-2-1 产品与服务的时间轴可以看出，从半导体量检测技术开始发展的 20 世纪 80 年代伊始，日立即着眼于具体的检测方案研究，涉及四大产品服务模块之一的检测方案开始领跑。具体地，用于晶圆表面缺陷检测 LS 系列的第一代产品 LS5000 即诞生在该阶段，其产品研发和推广一直延续至今，日立已面向市场推出 LS 系列十几个产品，最新一台是 2022 年 12 月推出的 LS9600 高通量、高灵敏度晶圆表面检测系统；在计量/CD-SEM 领域，2006 年推出第一台用于超精细图案的新型 CD 量测 SEM（特征尺寸量测用显微镜），迄今技术较为领先的是 2019 年 12 月推出的 CG7300；相应地，CD-SEM 的软件和数据处理与 CD-SEM 仪器持续配套跟进，目前有中央数据管理服务器（CD-SEM 数据站）、基于设计的计量系统（Recipe Director）和保证高运行效率的终端 PC 软件，代表最先进技术的缺陷审查和评估水平的扫描电镜是 CT1000 和 CR7300。

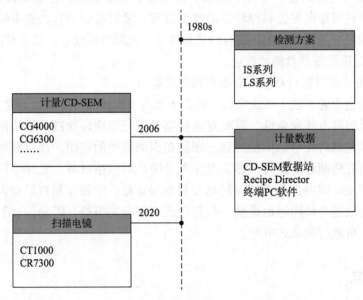

图 5-2-1 日立量检测领域产品发展简图

日立对于中国市场的关注也起源较早。如图 5-2-2 所示，1994 年 10 月上海日制产业有限公司成立，标志着日立正式进入中国，在 2002 年变更名称为日立（上海）国际贸易有限公司；1999 年从总部获得半导体领域的产品和服务的经营权限；日立高新技术主营业务包括提供电子产品的零部件和相关材料、半导体相关产品及装置、医疗设备及相关产品、电子生产系统设备及相关产品的技术咨询服务等内容；在网点设置方面，2000 年后在青岛和苏州设立办事处。

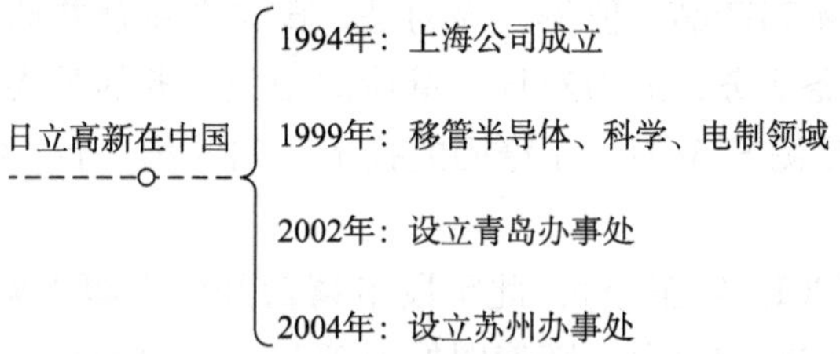

日立高新在中国
- 1994年：上海公司成立
- 1999年：移管半导体、科学、电制领域
- 2002年：设立青岛办事处
- 2004年：设立苏州办事处

图 5 – 2 – 2　日立在中国

5.2.2　专利申请态势

5.2.2.1　全球专利整体态势

（1）申请趋势

日立在量检测领域重点分支的全球扩展同族专利合并后共有 1700 余项。日立的申请趋势图整体呈波动趋势，如图 5 – 2 – 3 所示，其中方块节点线代表日立在量检测全领域的专利申请趋势，三角形节点线代表本书四个重点技术分支（晶圆缺陷检测、套刻误差量测、关键尺寸量测、掩模板缺陷检测）的申请情况。几个重点分支为日立量检测领域专利申请的主题，大致分为以下几个发展阶段。

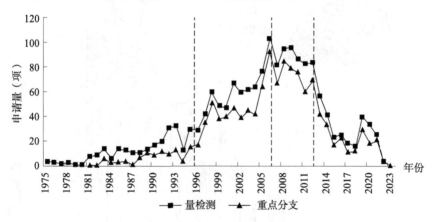

图 5 – 2 – 3　日立量检测领域全球专利申请趋势

缓慢发展阶段（1996 年之前）：日立在量检测领域的专利申请始于 1975 年，具体涉及薄膜厚度量测技术。在本书的重点分支领域，第一件专利申请始于 1981 年，具体涉及散射法检测缺陷；1981—1996 年，每年的专利申请量较少，总体呈缓慢发展趋势。

稳步发展阶段（1997—2007 年）：在此期间，日立的申请量有了一定的增长，尤其是在基于电子的晶圆缺陷检测和关键尺寸量测领域的申请量取得了显著的增长。

蓬勃发展阶段（2008—2012 年）：此阶段的专利量占总量的近一半，仍集中在晶圆缺陷检测和关键尺寸量测领域，但已不拘泥于基于电子的量检测技术。在此期间，日立实现了吸收合并日精科学株式会社，成立韩国日立高新技术、日立高新技术（中国），吸收合并日立高新技术电子工程株式会社等一系列创立和整合工作，下重力发展半导体量检测领域技术和产品。值得一提的是，日立高新合并瑞萨东日本半导体株式会社的半导体制造设备业务，成为对日立量检测相关业务的重要补充。蓬勃发展阶段为日立高新推出 CD 量测 SEM 打下了稳固的技术基础（第一台 CD－SEM 在 2006 年推出，型号为 CG4000）。

势头回落阶段（2013 年至今）：此阶段申请量开始大幅下降，标志着基于电子、基于光学的研究相对成熟和充分；随着图像处理和人工智能相关技术的蓬勃发展，日立高新的技术布局开始向软件和算法集中。

（2）技术分布

整体来看，日立量检测领域的专利技术分布首先集中在晶圆缺陷检测方面，其次是三维形貌和薄膜厚度量测。对标量检测领域的四个重点技术分支，日立的专利技术分布集中在晶圆缺陷检测方面，其次是关键尺寸量测，参见图 5－2－4。晶圆缺陷检测分支的申请趋势与日立全球专利的整体趋势类似；三维形貌和薄膜厚度量测一直保持着技术研发的延续性，其中薄膜厚度量测是最早开始布局的技术分支；关键尺寸量测由于专利量相对少。

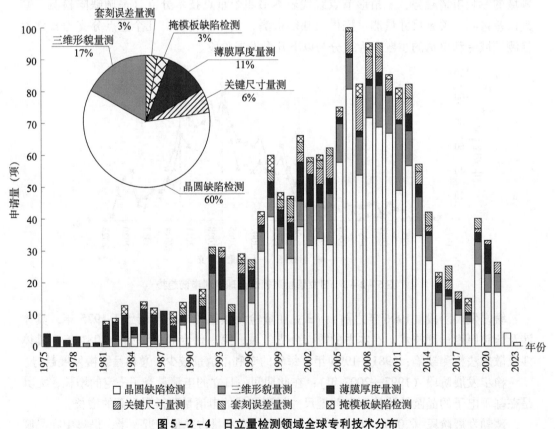

图 5－2－4　日立量检测领域全球专利技术分布

5.2.2.2 中国专利整体态势

（1）申请趋势

如图5-2-5所示，在量检测领域重点分支领域，日立在中国具有一定布局量。布局中国的专利申请在扩展同族专利合并后共有170余项，占日立该领域总体专利量的1/10。整体来看，日立持续加深着在中国的技术布局程度，受整体数据量级影响，峰谷的波动较明显。在中国布局从1996年开始，至2006年持续增长，至2019年达到高峰，2007—2009年受国际金融危机影响未保持持续增长的态势。

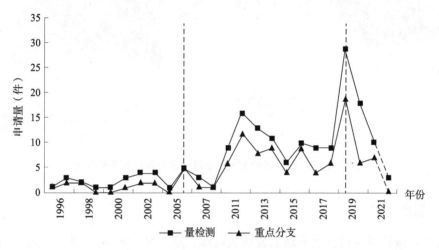

图5-2-5 日立量检测领域在华专利申请趋势

（2）技术分布

参见图5-2-6，与全球技术分布类似，日立量检测领域在中国布局的专利技术分布首先集中在晶圆缺陷检测方面，其次是三维形貌和薄膜厚度量测，另有少量关键尺寸量测和套刻误差量测领域布局。

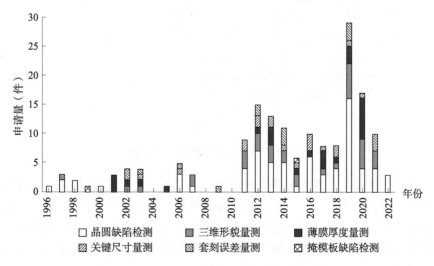

图5-2-6 日立量检测领域中国专利技术分布

布局全球专利和中国专利的各分支占比情况又有所不同，见图 5 - 2 - 7。比如，对于套刻误差、关键尺寸量测、薄膜厚度量测、三维形貌量测几个领域，全球技术布局所占比例明显少于布局中国专利比例。

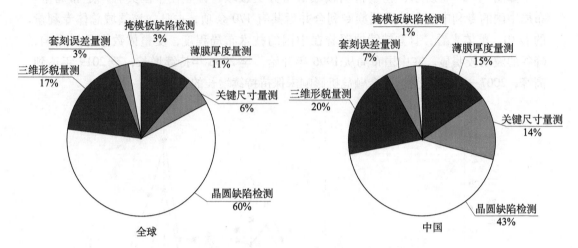

图 5 - 2 - 7　日立量检测领域全球中国专利技术分布对比

5.2.3　重点发明人

日立在量检测重点分支领域的发明人较多，超千名。如图 5 - 2 - 8 所示，前两位发明人专利量超百件，远领先于其他八位发明人。前十位发明人发明总量 664 项，占据日立重点技术分支总量的一半，日立的重点分支领域重要发明人相对集中。

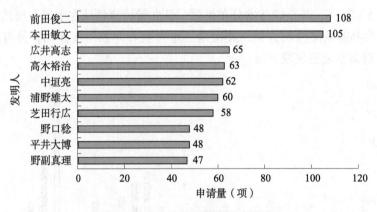

图 5 - 2 - 8　日立重要发明人分布

图 5 - 2 - 9 展示日立重要发明人研发延续性情况。日立重要发明人的研发周期时间跨度很长，均有十几至二十几年，研发延续性很好。其中前田俊二在 1984 年即开始在量检测重点分支领域——晶圆缺陷检测领域进行专利申请。自 1995 年之后，日立的重要发明人在量检测重点分支领域专利申请量开始爆发式增长，这与之前日立全球专利申请情况相吻合。

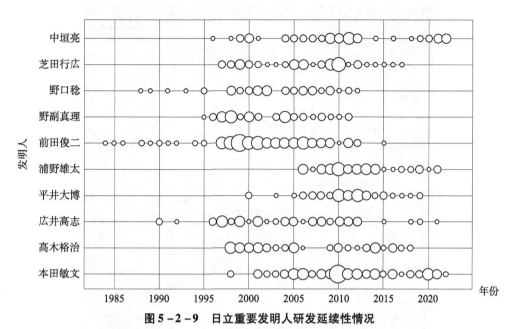

图 5-2-9　日立重要发明人研发延续性情况

注：图中气泡大小代表申请量的多少。

图 5-2-10 是日立重点分支领域的重要发明人之间的合作关系图。除了野口稔和野副真理比较专注于自己研发（但也不是完全与其他重要发明人无合作关系），其他发明人相互之间有着密切的合作关系。比如，在覆盖广度方面，前田俊二、本田敏文两位与其他发明人几乎都有合作；在关系紧密程度方面，前田俊二和芝田行广合作最密切，本田敏文和浦野雄太合作最密切，均集中在晶圆缺陷检测领域。

为进一步摸清日立发明团队的特点，对日立在量检测领域重点技术分支所有专利的第一发明人进行分析。如图 5-2-11 所示，日立排名前十的第一发明人团队与重要发明人有所重叠但略有不同：高木裕治、平井大博、野口稔排出前十，酒井薰、松井繁、原田实进入第一发明人前十排名。以第一发明人为首核心研究团队的技术分布同样集中于晶圆缺陷检测领域，其中，广井高志、酒井薰、野副真理还在掩模板缺陷检测领域有所涉及，广井高志、前田俊二、原田实亦在套刻误差量测领域有所涉及。

从以第一发明人为首发明团队间的合作网络图 5-2-12 不难看出，日立的各研发团队间的合作是相对密切的，每个团队之间都有联系，没有完全独立的散点和网络。有些发明人同时与多个研究团队合作，比如高木裕治同时出现在原田实、本田敏文、中垣亮的发明团队中。

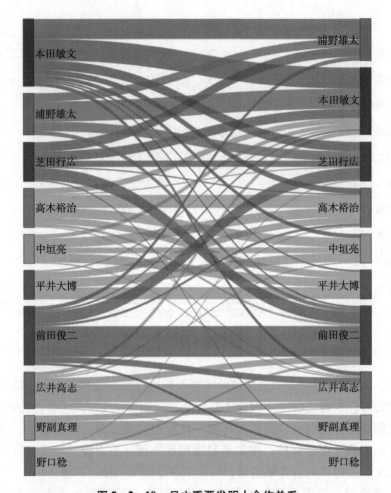

图 5 - 2 - 10 日立重要发明人合作关系

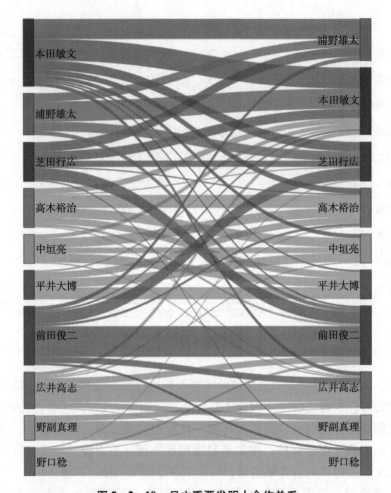

☐ 关键尺寸量测　▨ 晶圆缺陷检测　■ 套刻误差量测　▧ 掩模板缺陷检测

图 5 - 2 - 11 日立第一发明人技术分布

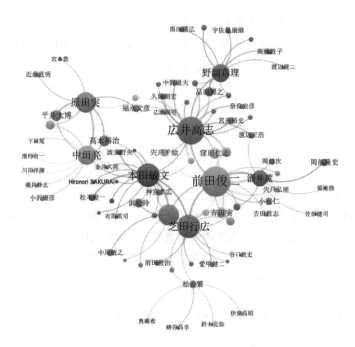

图 5 - 2 - 12　第一发明人为首的发明团队间的合作关系

5.2.4　重点专利技术

5.2.4.1　重点技术对应专利

参考前文日立量检测领域全球和在华专利技术分布，晶圆缺陷检测是日立在量检测领域最重要的技术分支。参见图 5 - 2 - 13，日立在晶圆缺陷检测方面的技术分布主要在散射法、基于电子、数据处理、干涉法和其他几个方面。其中散射法的占比最大（37%），有近 400 件申请，在明场散射和暗场散射均有相当数目的布局。

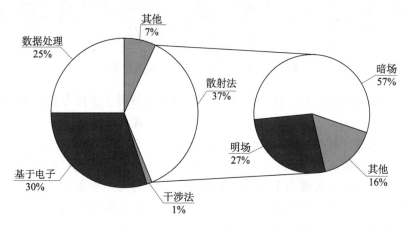

图 5 - 2 - 13　晶圆缺陷检测技术细分情况

我们对占比最大的散射法的专利进行梳理，尝试理出日立在该重点领域的技术路线和重点专利。综合散射法技术分支下专利的扩展同族、施引专利情况等指标，分别从明场散射和暗场散射两个维度理出重点专利。

（1）明场散射

如图 5 - 2 - 14 所示，光路这一分支是日立明场散射布局的技术重点，占整个明场散射专利量的 60% 左右。光路的技术发展路线主要有三条：一是对光束的调整（白底色方框），包括对晶圆背面的表面缺陷检测关注即调整晶圆背面的折射路径（JP3480176B2）、增大光束直径提高分辨率（JP2001311608A），以及除了对缺陷是否存在进行检查还兼顾查看缺陷的形变情况而做的光学设计（JP2009168479A）；二是对光入射角度的调整（灰底色方框），从开始的调整入射光形成多个焦点形成多个比对图像（JPH02170279A），到通过调整角度使散射光信号增强（JP2006138754A）；三是对光的传播路径上光学元件本身的改进（椭圆方框），比如蝇眼透镜的改进（JP2005084450A）和屏蔽栅的改进（JP2013235018A）。

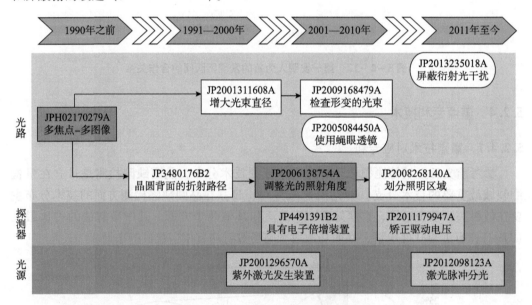

图 5 - 2 - 14　日立明场散射技术路线

此外，在明场散射方面，日立还在探测器和光源布局了少量专利。探测器具体涉及电子倍增装置（JP4491391B2）和矫正驱动电压装置（JP2011179947A），光源涉及紫外激光发生装置（JP2001296570A）和激光脉冲分光器（JP2012098123A）等。

综上，明场散射技术领域中，日立主要致力于光路的研究和专利布局。光路的技术发展路线有三条：一是致力于对光束的调整，二是对光入射角度的调整，三是对光的传播路径上光学元件本身的改进，三条路径时间上不是延续关系，时间上相互交叉重叠。日立在探测器和光源也布局了少量专利。

（2）暗场散射

在暗场散射方面，参见图 5 - 2 - 15，光路这一分支也是日立暗场散射布局的技术重点，占比较明场散射更高，光路占整个暗场散射专利量的 70% 左右。类似地，暗场散射光路的技术发展路线主要有三条：一是对光束的调整，包括调制具有大的强度差的光束以提高灵敏度（JP4931502B2）、以少量光反复照明和检测以提高灵敏度（JP2008275540A）、发出不同照明条件的光进行光学分割并成像（JP2010160079A），以及对光强度进行调制（US11346791B2）；二是对光入射角度的调整，包括通过使用大约相同的光通量落射照明和倾斜照明以增强检测信号（JP3996728B2）、对从不同的倾斜角度的照明光源发出的照明光束进行检查并以便于精准缺陷分类（JP4387089B2）；三是对光的传播路径上光学元件本身的改进，比如对倍率检测光学系统的调整（JP2005283190A）、对透镜本身打磨减小透镜干涉部（JP2012177714A），以及对滤光器的改进（JP2010190722A）。

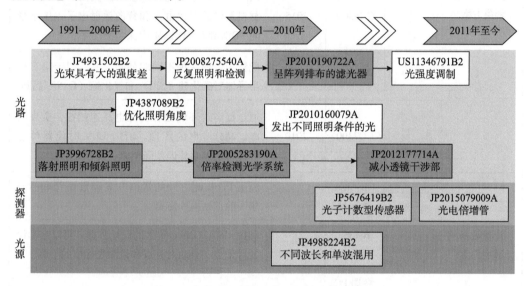

图 5 – 2 – 15　日立暗场散射技术路线

此外，在暗场散射技术领域中，日立在探测器和光源也布局了少量专利，其具体涉及光子计数型传感器（JP5676419B2）和光电倍增管（JP2015079009A），光源涉及不同波长和单一波长照明装置的混合使用（JP4988224B2）。

综上，同明场散射类似，在暗场散射技术领域中，日立也主要致力于光路的研究和专利布局。光路的技术发展路线亦是对光束的调整、对入射角度的调整、对光学元件本身的改进，涉及的重点专利和披露的具体技术与明场散射不同。日立在探测器和光源也布局了少量专利。

5.2.4.2　重点产品对应专利

如前文所述，日立在半导体量检测领域的产品和服务分四大块——扫描电镜、检测方案、计量解决方案及对应的计量数据解决方案。表 5 – 2 – 1 列举了日立上述四个方面的重要产品系列，及其对应仪器的推出年份和技术特点。

表 5－2－1　日立量检测设备及关键技术

技术领域	系列	仪器型号	年份	技术特点
计量/CD－SEM 解决方案		CG4000	2006	高精度平均 CD（ACD）计量功能；提高可重复性和吞吐量；应用于 32—65nm
		CG5000	2011	对 CG4000 系列的全型号更改。采用改进的电子光学和图像处理技术，采用新的自动校准功能；提高吞吐量和量测精度、稳定性。应用于 1X nm—22nm
		CG6300	2015	通过电子显微镜镜筒能够根据量测目标选择从材料发射的二次电子和背向散射电子，用于量测 3D NAND、DRAM 中深沟槽尺寸
		CS4800	2015	配置为处理两种不同的晶圆尺寸，用于第三代半导体对碳化硅（SiC）和氮化镓（GaN）晶圆
		CG7300	2019	通过提高耐环境性和防充电高速扫描，实现清晰、高分辨率的图像。面向 EUV 时代器件生产，将机器差异误差降至原子尺寸级别
计量数据 解决方案		CD-SEM 数据站		满足 CD 量测之外的量测方案和数据管理的要求。数据站操作简单
		Recipe director		利用 Recipe Director 上的设计数据，可以自动设置寻址点、自动对焦点和量测光标框的坐标
		终端 PC 软件		允许离线工作，无须中断 CD-SEM
扫描电镜		CT1000	2020	通过 5 轴样品台实现缺陷和图案形状的 3D 观察，集成 EDS 能够识别缺陷元素，用于 7nm 制程
		CR7300	2020	采用基于 AI 的 ADC（自动缺陷分类），提高缺陷分类性能和准确性
检测方案	IS 系列	DI2800	2022	暗场缺陷检测系统。用于过程监控（制造过程监控）和筛选（无缺陷设备选择），支持 Φ100mm、Φ150mm、Φ200mm 图形/非图形晶圆
		DI4200	2022	暗场缺陷检测系统。高灵敏度和高吞吐量，参数由 IS 系统自动优化

续表

技术领域	系列	仪器型号	年份	技术特点
检测方案	LS 系列	LS5000	1980	晶圆表面检测系统。通过激光散射技术实现图形化前晶圆表面微小污染物和各种类型缺陷的高灵敏度和高通量检测。近些年产品用于控制 10nm 制程
		LS6000	1992	
		LS6500	1998	
		LS6600	2000	
		LS6800	2010	
		LS9110	2017	
		LS9300	2019	
		LS9600	2022	

在计量/CD-SEM 领域，其涉及的主要为基于电子的关键尺寸量测设备。从第一代 CD-SEM 仪器 CG4000 在 2006 年推出开始，至今经历了五个代系，2019 年推出的最新一代的 CG7300 主要面向 EUV 时代的半导体器件，可将误差降到原子级别。

计量数据领域产品主要是与计量/CD-SEM 设备配套的数据站和软件，其对操作的实时性、便捷性和准确性都能较好的把握。

在扫描电镜方面，日立目前最高端的扫描电镜分别是集成了 EDS 的 CT1000，用于对在制造过程中出现的图案和缺陷形状进行 3D 观察，并可分析所观察物体的元素组成，应用于 7nm 制程；以及高速缺陷检测扫描电镜 CR7300，应用的电子光学系统和高速成像系统使快速光束扫描速度达到传统方法的两倍。

在检测方案即晶圆缺陷检测领域，暗场缺陷检测系统 IS 系列和表面缺陷检测系统 LS 系列（无图形）是日立在晶圆缺陷检测领域的主要系列产品。

通过表 5-2-1 产品所反映出的对应技术特点，尝试从产品角度出发，梳理出关键技术重点专利。

（1）DI 系列重点专利及技术

DI2800 产品采用日立传统暗场检测方法检测缺陷，适用于工艺监测和筛选，使用散射强度模拟技术来优化照明和检测光学器件，能够对制造过程中形成的图形化晶圆缺陷进行高度灵敏的检测。其重点专利与日立暗场散射技术路线梳理出的重点专利一致，在此不再赘述。

DI4600 是一种用于检测半导体生产线上图案化晶圆上颗粒和缺陷的工具，通过结合片状光束光学元件和空间滤波器的光分离，实现了高灵敏度和高吞吐量。DI4600 能够实现半导体生产线中高精度的缺陷监测，除了图 5-2-15 暗场散射技术路线中呈现的涉及光学领域的专利，还涉及高级缺陷审查和分析的自动化手段，即自动缺陷分类（Automatic Defect Classification，ADC），该手段显著提高了缺陷分类的性能和准确性。DI4600 涉及的重点专利包括对自动缺陷分类方法这一技术的持续迭代，参见图 5-2-16，具体为：设置一单独的缺陷选择单元，在短时间内将上游检查设备检测到的缺陷与检查设备对齐（JP2006261162A）；优先地执行具有高优先级的 ADR/ADC 中断而与低优先级的 ADC 相关联的处理系统的算法（JP4681356B2）；将与多个检查数据对应的类别分配给一个缺陷（JP3726600B2）；将具有与已审查缺陷相同定义的缺陷类别分配给未审查缺陷，以便有效地利用关于晶片上占多数的未审查缺陷的信息（JP4317805B2）；图像的亮度关联条件由缺陷提取设备的 ADC 功能中的亮度特征分类确定，无须使用加速电压即可实现缺陷和晶圆的简单元素分析并加快处理时间（JP2014130745A）；自动地确定观察目标的质量，并根据用户的指示对提取并显示的观察对象的判断结果进行校正（JP5707291B2）。

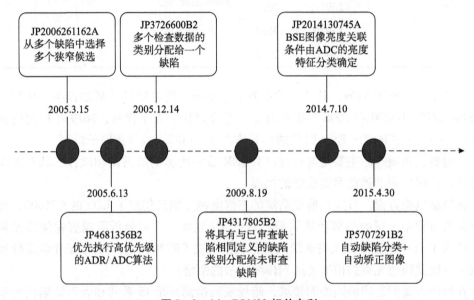

图 5 - 2 - 16　DI4600 相关专利

综上，日立的 ADC 技术已从实现缺陷自动分类的基本功能，向提高分类准确性、分类效率成功优化，近年来更是重视自动化程度、人工智能实现上的功能演进。

（2）LS 系列重点专利及技术

LS 系列又称为晶圆表面检测系统，主要用于检测具有镜面抛光表面的未图形化晶圆上的缺陷。通过激光散射技术，实现图形化前晶圆表面微小污染物和各种类型缺陷的高灵敏度和高通量检测。LS 系列自 20 世纪 80 年代第一台 LS5000 推出后，日立维持了晶圆缺陷检测领域技术研究的持续性，有十几代产品的迭代，从其相关的重点专利也可看出其技术的演进。

具体见图 5 - 2 - 17，其重点专利涉及技术包括：随着时间的变化，第一阶段聚焦于光束调整/入射角调整，比如收集随机偏振的散射光并利用偏振光分量计算缺陷（JPH09210918A）、形成尺寸小于理论极限的细光束提高分辨率（US5973785A）、调整光束的聚焦点集中在物镜的光瞳上（JP3858571B2）、在高倾斜角和低倾斜角之间切换（JP4183492B2）；第二阶段是对不同波长激光脉冲的利用，比如通过使用多个波长的激光降低相干性解决激光光源时间和空间的连贯性（JP2003130808A）、不同波长和单一波长光源混用导致的不同散射光提高准确性（JP4988224B2）；第三阶段是对光通量/有效照明的考虑，比如在保持光量的同时使峰值强度降低兼顾准确度和精度（JP2005156516A）、平行光束在主光路中被扩展以提高灵敏度（JP2007192759A）、使通过分割装置后的光束扩束（JP2011252841A）；近年来主要是一些技术延续和其他方面的补充，诸如调节激光的偏振状态和强度分布（JP6328468B2）、利用偏振检测和雾度测量（JP6738254B2）。

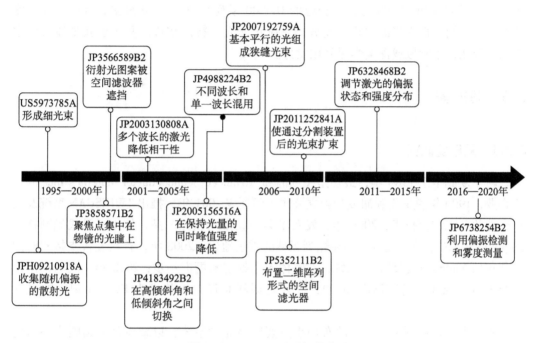

图 5 - 2 - 17　LS 系列相关专利

综上，日立晶圆表面检测系统 LS 系列的重点技术经历了光束调整/入射角调整、对不同波长激光脉冲的利用、对光通量/有效照明的考量三个阶段的延续和迭代。这三个阶段不完全遵从时间上的延续性，在技术优化和补充上有所交叉。

5.2.5　小　结

日立属于量检测领域申请量最多的申请主体，其专利申请布局涉及量检测领域的六个一级分支，其中晶圆缺陷检测占据首要地位。

日立重点分支领域的重要发明人相对集中，研发持续性强。前十位发明人发明总量占据日立相关领域专利申请总量的一半。主要发明人的研发周期均具有十几至二十几年的时间跨度。核心研究团队的技术分布同样集中于晶圆缺陷检测领域，各研发团队间的合作比较密切。

在技术方面的专利布局上，日立侧重晶圆缺陷检测下散射法的布局，明场散射和暗场散射均有相当数目的申请。明场散射和暗场散射致力于光路的研究和专利布局，在探测器和光源仅布局了少量专利。光路的技术发展路线均经历了对光束的调整、对入射角度的调整以及光学元件本身的改进几个阶段，与提高可靠性、量测精度、灵敏度和吞吐量的技术效果相适应。

在产品方面的专利布局上，日立的产品线比较清晰，其中 CD‑SEM 和晶圆缺陷检测方案产品系列比较全面。晶圆缺陷检测方案具体涉及暗场缺陷检测系统 IS 系列产品和激光表面缺陷检测系统 LS 系列产品。其中暗场缺陷检测这一重点技术路线的专利布局全面，LS 系列对激光光路调制的拓展研究和专利布局也比较充分。相比较而言，在IS 系列缺陷自动审查产品方面，相应的 DI4200 系列在 2022 年才推出，其技术成熟度还有一定空间；日立当前缺陷自动分类系统正向人工智能演进。我国创新主体可考虑在人工智能技术领域或深度学习领域发力。

5.3 阿斯麦

5.3.1 阿斯麦概况

阿斯麦诞生于 1984 年，最初是飞利浦和 Advanced Semiconductor Materials Int. 的合资企业，1990 年脱离飞利浦成为独立公司。阿斯麦 2001 年，推出 TWINSCAN 系统及其革命性的双工作台技术；2006 年，发布了第一款市场领先产品，使用浸没式光刻技术的 TWINSCAN 系统，奠定了其在光刻领域的霸主地位；2008 年，首次发售支持实时测试纠正的 YieldStar（250D）系统，在整体使光刻技术更进一步；2010 年，成功推出第一台 EUV 光刻机样机 NXE：3100，进入光刻新时代，使其成为 EUV 光刻机的唯一厂商。

阿斯麦在量检测设备方面的布局也主要围绕光刻系统，以减少每一道曝光环节的边缘误差，确保套刻和关键尺寸的一致性。其产品主要分为两大类：一是基于光学检测技术的套刻误差量测，主要包括 YieldStar 系列，2017 年，YieldStar 375F 开始出货，提供了 425nm 和 885nm 之间的连续波长选择；2021 年，推出的 YieldStar 1385 系列用于刻蚀后图案的内部套刻误差量测，可实现一次性量测多层。二是基于电子检测技术的电子束缺陷检测和电子束关键尺寸量测设备，主要包括 HMI eP5、HMI eScan600、HMI eScan 1000、HMI eScan 1100 等，2022 年新一代多电子束缺陷检测系统 HMI eScan 1100 搭载 25 个电子束进行持续扫描检测，大大提高了产能；2022 年发布的高分辨率系统 eP5 XLE 最低分辨率可达 1nm，主要用于逻辑和存储芯片内 3D 结构的检测与量测。

5.3.2 专利申请态势

阿斯麦在量检测领域重点分支的全球专利拥有量有 264 项，包括转让专利 23 项；在华申请专利拥有量有 212 件，包括转让专利 13 件。图 5‑3‑1 是阿斯麦在量检测领域重点分支的专利申请在全球和在华历年申请情况。可以看出，其全球申请趋势可以分为三个阶段。

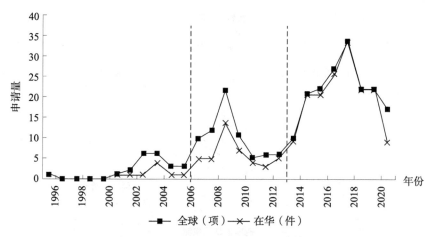

图 5 - 3 - 1　阿斯麦量检测领域重点分支全球和在华专利申请量趋势

（1）起步阶段（2006 年以前）：阿斯麦专利申请起始于 1996 年，但 1997—2000 年并未申请专利，经核查，1996 年仅涉及一项专利（US6166808A），其原始申请人为飞利浦电子北美公司，即该专利并非阿斯麦自主研发。阿斯麦自主研发的专利申请起始于 2002 年。在此阶段包括的 22 项专利中，共有 6 项专利来自专利转让（1996 年、2001—2003 年、2005—2006 年各 1 项）。

（2）发展阶段（2007—2012 年）：在此期间，2007—2009 年申请量第一次快速增长；2008 年推出的 YieldStar（250D）系统在一定程度上推动了阿斯麦在量检测领域的研发热情；2010 年开始快速下滑；2011—2012 年，每年申请量恢复至 5～6 项。

（3）增长阶段（2013 年以后）：申请量第二次快速增长，从 2013 年的 10 项增长至 2018 年的 34 项，达到历年申请峰值。

从图中可以看出，在华申请趋势与在全球范围内的申请趋势基本一致：2006 年以前，处于起步阶段，每年的申请量较少（4 件以下）；2007—2013 年，处于发展阶段，在 2009 年出现一个申请高峰值——14 件；2013 年以后，进入快速增长阶段，在 2018 年出现申请最高峰值——34 件。在华申请趋势与全球申请趋势的主要差异在于起始时间，在华申请起始时间是 2001 年，虽然晚于全球的 1996 年，但是 2002 年阿斯麦自主研发的第一项专利申请 CN101520609A 就进入中国市场。

在华申请趋势与全球申请趋势基本一致情况下，进一步确认在各个分支的差异情况。由图 5 - 3 - 2 可知，阿斯麦在量检测领域重点分支均有专利申请，但主要布局在套刻误差量测、晶圆缺陷检测、掩模板缺陷检测、关键尺寸量测，套刻误差量测是最主要的技术分支，申请量最多；而膜厚量测、三维形貌量测申请量较少，分别仅占申请总量的 3% 和 2%。

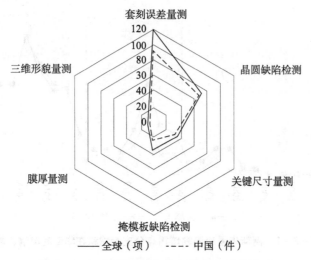

图 5 - 3 - 2　阿斯麦重点分支在全球/中国分布

注：图中数字表示申请量。

全球与中国申请量的差异主要体现在套刻误差量测和掩模板缺陷检测两个分支。进一步对比两个分支在全球和在华的申请趋势，可知差异主要在 2014 年以前和 2021 年以后，如图 5 - 3 - 3 和 5 - 3 - 4 所示，而 2021 年以后出现差异的原因主要在于此阶段专利申请大多数为 PCT 申请，目前还未进入中国国家阶段。这反映出阿斯麦在 2014 年进入快速增长阶段后，更加重视中国市场的专利布局。

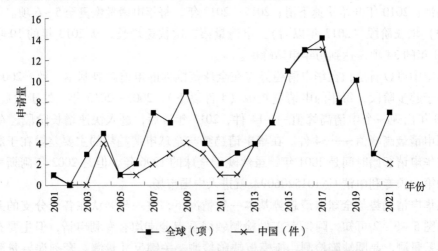

图 5 - 3 - 3　套刻误差在全球和在华申请专利申请量趋势

图 5 - 3 - 5 显示了不同时期阿斯麦量检测领域的主要分支在全球分布变化情况。由图可以看出，阿斯麦在套刻误差量测和掩模板缺陷检测的布局较早，而晶圆缺陷检测布局较晚，大约在 2007 年以后。2016 年以前，主要分支为套刻误差量测和掩模板缺陷检测；2016 年以后，随着晶圆缺陷申请量的增长，套刻误差量测和晶圆缺陷检测成为主要分支，掩模板缺陷检测和关键尺寸量测占比较少。阿斯麦在量检测领域重点分支

布局发生改变的原因可能在于2016年，阿斯麦并购了一家领先的电子束检测公司——汉民微测科技股份有限公司（Hermes Microvision，HMI），加大了对晶圆缺陷检测的研发投入，一年后推出了整合两家公司技术的 ePfm5 系统，该系统可以提供高通量的关键尺寸（CD）计量和缺陷检测。

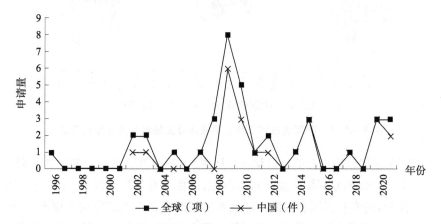

图5－3－4　掩模板缺陷检测在全球和在华申请专利申请量趋势

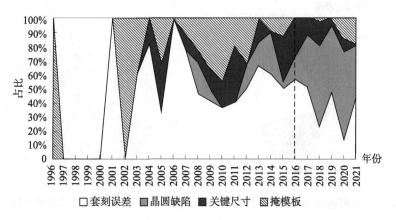

图5－3－5　阿斯麦全球专利主要技术分支随年份分布变化情况

　　图5－3－6显示了不同时期阿斯麦量检测领域的主要分支在中国分布变化情况。与全球分布变化情况基本一致，2016年后，阿斯麦在量检测领域的主要分支由套刻误差量测和掩模板缺陷检测转变为套刻误差量测和晶圆缺陷检测。主要差异体现在关键尺寸量测专利申请的起始时间，关键尺寸在全球专利中起始于2004年，在在华申请专利中起始于2007年，说明在发展早期，关键尺寸量测作为非主要分支，专利布局并不全面。

　　阿斯麦在全球专利申请共涉及2656项，从图5－3－7可以看出，55%的专利仍然处于授权有效状态，还有20%的专利属于在审阶段，其中16%的专利已经失效，失效的专利大多是因为未缴年费、撤回和期限到期。这反映出阿斯麦整体的专利申请质量较高。

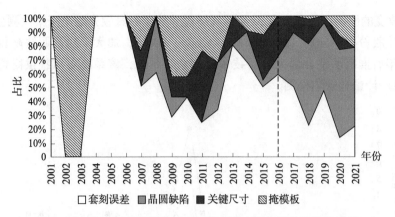

图5-3-6 阿斯麦在华专利主要技术分支随年份分布变化情况

关于阿斯麦在华申请专利的法律状态，从图5-3-8可以看出，59%的专利处于授权有效状态，还有29%的专利属于实质审查阶段，5%的专利权利终止，2%的专利处于公开状态，仅有5%的专利撤回和驳回。这反映出阿斯麦在中国的专利申请不仅质量较高，而且具有持续性，因此，阿斯麦在一定时期内还会持续影响量检测领域的中国市场。

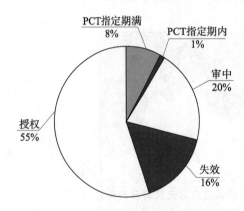

图5-3-7 阿斯麦全球专利法律状态

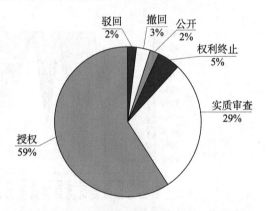

图5-3-8 阿斯麦在华申请专利法律状态

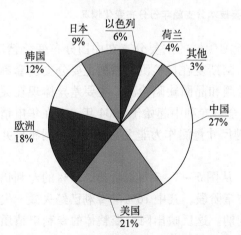

图5-3-9 阿斯麦全球专利申请区域分布

如图5-3-9所示，从阿斯麦在全球专利布局情况可以看出，中国、美国、欧洲、韩国、日本是阿斯麦公司重点布局的国家和地区，除此以外，以色列以及荷兰也是较重要的专利布局国家和地区。虽然阿斯麦专利数量在量检测领域排名并不突出，但其对海外市场的布局比较重视，尤其是中国和美国市场。

5.3.3　重点发明人

发明人对技术的发展和专利申请的增长具有重要影响。为了了解阿斯麦的发明人团队，接下来进一步分析其发明人情况。图 5 - 3 - 10 是阿斯麦全球重点分支全球排名前 14 位发明人排名。排名第一位的发明人是 ARIE JEFFREY DEN BOEF，申请数量是 36 项，占排名前 14 位发明人申请总量的 21%。排名第二和第三位的发明人分别是 WEI FANG 和 MAURITS VAN DER SCHAAR，申请专利数量分别是 21 项和 20 项。排名前三位发明人的申请总量，占前 14 位发明人申请总量的 45%。这说明前三位发明人对阿斯麦专利申请量贡献较为突出。

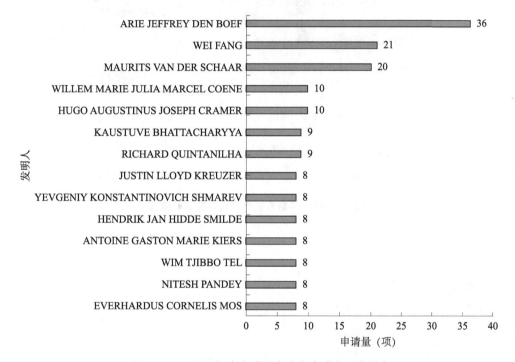

图 5 - 3 - 10　阿斯麦全球重点分支全球发明人排名

参见图 5 - 3 - 11 进一步研究排名前十位的第一发明人的研发合作关系网络发现，发明人明显分为两个研发团队，一个以 ARIE JEFFREY DEN BOEF 为首，主要研发成员包括 MAURITS VAN DER SCHAAR、EVERHARDUS CORNELIS MOS、MOHAMED SWILLAM 等；另一个以 WEI FANG 为首，主要成员包括 ZHONGWEI CHEN，团队内部合作较为紧密，但两个研发团队间缺少合作。

为了明确两个研发团队间缺少合作的原因，进一步对两个团队的主要发明人成员的研究分支进行了梳理。从图 5 - 3 - 12 可以看出，以 ARIE JEFFREY DEN BOEF 为首的团队研究重点分支在于套刻误差量测，而以 WEI FANG 为首的团队研究重点分支在于晶圆缺陷检测。

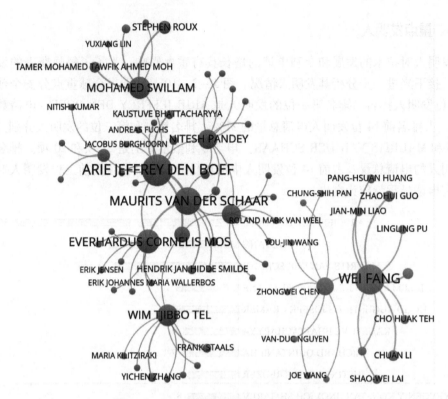

图 5 - 3 - 11 阿斯麦主要发明人关系网络图

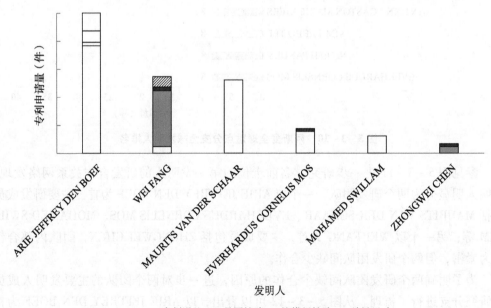

图 5 - 3 - 12 阿斯麦主要发明人研究分支

WEI FANG 和 ZHONGWEI CHEN 为阿斯麦并购公司——汉民微测科技股份有限公司的研发人员，这也是导致两个研发团队间缺少合作的原因之一。

此外，发明人排名前两位的 ARIE JEFFREY DEN BOEF 和 WEI FANG 技术分支虽然侧重点不同，但各个重点技术分支均有所涉及，个人研发能力比较突出和全面，团队内成员涉及分支则相对单一。ARIE JEFFREY DEN BOEF 的专利最早申请时间是 2004 年，最晚申请时间是 2020 年，说明其在阿斯麦工作时间超过 17 年；WEI FANG 的专利最早申请时间是 2006 年，最晚申请时间是 2020 年，说明其在汉民微测和阿斯麦工作时间超过 15 年。这也反映出阿斯麦的研发团队，尤其是团队领导人的强稳定性。

总体而言，阿斯麦在量检测领域的发展整体呈增长趋势，早期专利部分来自转让。阿斯麦对于国外市场专利布局较为全面，尤其是中国和美国市场，自主研发的第一项专利申请就进入中国市场，在华申请趋势与全球申请趋势基本一致。各个分支在华申请与全球申请差异主要在于套刻误差量测和掩模板缺陷检测的早期申请。

阿斯麦在量检测领域的布局主要围绕光刻系统，包括套刻误差量测、晶圆缺陷检测、掩模板缺陷检测和关键尺寸量测。2016 年，阿斯麦并购汉民微测科技股份有限公司后，在量检测领域各个分支的布局发生了重要变化，主要分支由套刻误差量测和掩模板缺陷检测转变为套刻误差量测和晶圆缺陷检测。

5.3.4　重点专利技术

通过对阿斯麦在量检测领域各重点分支专利申请情况分析发现，阿斯麦在套刻误差量测和晶圆缺陷检测两个分支的专利申请量较大，且在 2016 年以后，两者也成为阿斯麦研发投入的主要分支。因此，接下来主要对阿斯麦在套刻误差量测和晶圆缺陷检测两个分支的技术发展路线进行梳理。

5.3.4.1　套刻误差量测

通过对阿斯麦在套刻误差量测领域的所有专利申请进行梳理，综合专利申请的施引频次和相互之间的引用关系，梳理出阿斯麦在套刻误差量测技术分支的发展路线。由图 5-3-13 可以看出，阿斯麦在套刻误差量测的技术发展路线涉及量测系统、套刻标记和计算方法三个方面的改进：量测系统方面涉及检测精度的提高，例如检测束的改进（US7453577B2）、散射仪不对称性的校正（US7656518B2），还涉及检测速度的提高，例如快速高效地获得目标的图像（CN102483582B）、检测不对称性（EP3361315A1）；套刻标记方面主要涉及对标记的间距、方向或增加辅助标记等设计使其能够识别不同阈值的误差（US7898662B2、EP3401733A1），减小子目标外围处的测得强度峰值（CN111338187A）等，从而更可靠准确地量测覆盖误差；计算方法方面主要涉及基于光学衍射的套刻误差量测方法（DBO）的改进，包括模型的改进和参数的优化与校正。

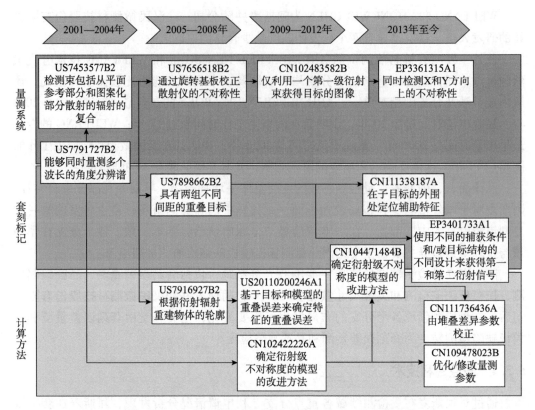

图 5 - 3 - 13　阿斯麦在套刻误差量测技术分支的发展路线

在套刻误差技术发展路线涉及的专利中，US7791727B2 是整个技术发展路线的基础，其他专利均是在该专利的基础上改进而来。US7791727B2 是阿斯麦于 2004 年申请的一件专利，目前仍处于有效状态，其公开了一种用于角分辨光谱光刻表征的方法和设备，包括能够同时量测多个波长的角度分辨谱，能够执行浸没散射法和用于角度分辨散射仪的焦点量测方法。

图 5 - 3 - 14 示出了阿斯麦套刻误差量测领域产品及重点专利。在套刻误差量测领域，阿斯麦的产品主要为 YieldStar 系列。

YieldStar 375F 是第一个 YieldStar 系统，提供连续的波长操作，提供了 425nm 和 885nm 之间的连续波长选择，可以测量每批数千个数据点，比以前的解决方案更快，从而能够精确地优化量测波长以及降低计量成本。YieldStar 375F 涉及的重点专利包括 US20070002336A1、NL2004216A 和 CN109643068A。US20070002336A1 涉及产生量测光束的超连续谱光源，NL2004216A 涉及具有多个波长范围的辐射束，CN109643068A 涉及量测辐射可以包括连续光谱或多个离散波长（或波长频带），量测辐射可以包括从 400nm 延伸至 900nm 的多个波长。

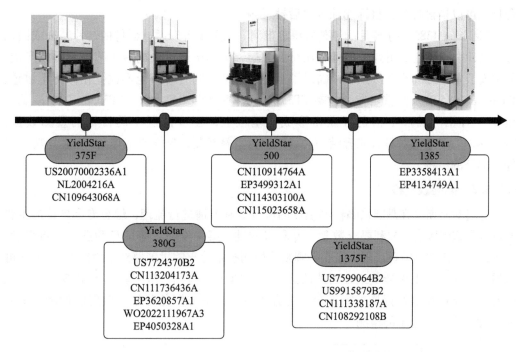

图 5 – 3 – 14　阿斯麦套刻误差量测领域产品及重点专利

　　YieldStar 380G 是 YieldStar 375F 的继承者，提供更快速和更准确的后期显影覆盖和焦点量测，中心波长的选择非常精确（1nm），并且量测光的带宽可以定制，具有更快的波长切换时间和增加的源功率以及更快的传感器。YieldStar 380G 涉及的重点专利包括 US7724370B2、CN113204173A、CN111736436A、EP3620857A1、WO2022111967A3 和 EP4050328A1。US7724370B2、WO2022111967A3 和 EP4050328A1 涉及显影后或曝光后覆盖计量，CN113204173A、CN111736436A 和 EP3620857A1 涉及选择量测光的波长。

　　YieldStar 500 是一种用于量测预蚀刻叠加的独立光学晶片计量系统，新的传感器设计增加了系统的光传输，减少了量测采集时间，组合工作台和传感器技术，提高了平台的吞吐量和覆盖性能。YieldStar 500 涉及的重点专利包括 CN110914764A、CN114303100A 和 CN115023658A 等。CN110914764A 涉及可以在第一站 ST1 和第二站 ST2 中连续处理衬底 W 以及设置水平传感器 LS 和第一对准传感器 AS1、第二对准传感器 AS2。CN114303100A 和 CN115023658A 涉及传感器的改进，包括片上传感器和紧凑型传感器设备。

　　YieldStar 1375F 基于芯片结构本身或芯片设计中放置的小目标的衍射，能够同时量测多个层次，目标是蚀刻后的覆盖层和关键尺寸（CD）量测，能够监测芯片整个制造过程的性能。YieldStar 1375F 涉及的重点专利包括 US7599064B2、US9915879B2、CN111338187A 和 CN108292108B。US7599064B2 和 CN111338187A 涉及重叠目标设置在多层以减少所占用的空间，US9915879B2 涉及用于通过可见辐射的衍射量测覆盖的小型目标，CN108292108B 涉及用于同时量测套刻和焦点（可选 CD）的组合目标，组合目标可以被设计为在目标的蚀刻之后被量测。

　　YieldStar 1385 用于硅片的蚀刻后覆盖量测。该系统可以通过器件内芯片特征或嵌入芯片设计中的小型专用计量目标一次量测多层，有助于通过蚀刻后工艺控制提高产量。其集成了先进的机器学习技术，确保了准确的量测，同时对其他堆栈变化保持不敏感。YieldStar 1385 涉及的重点专利包括 EP3358413A1 和 EP4134749A1。EP3358413A1 涉及从至少一对相应的非零衍射级获得形成在基板上的至少两层中的目标的量测数据，EP4134749A1 涉及对具有兼容结构的目标执行重叠量测，目标包括作为 IC 芯片功能组件一部分的结构。

5.3.4.2 晶圆缺陷检测

　　通过对阿斯麦在晶圆缺陷检测领域的所有专利申请进行梳理，综合专利申请的主要改进点、施引频次、权利要求数量、专利有效性、第一发明人等信息筛选出重点专利，基于最早优先权日梳理出阿斯麦在晶圆缺陷检测技术分支的发展路线。由图 5 - 3 - 15 可以看出，该技术发展涉及三方面的改进，基于电子的检测、散射法检测和算法。这三条发展线路以位置及背景进行区分，上方为算法，下方深色背景为散射法检测，下方浅色背景为基于电子的检测。

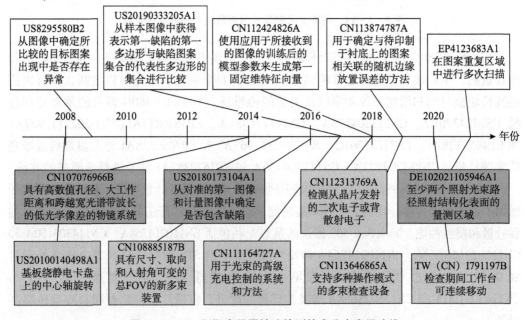

图 5 - 3 - 15　阿斯麦晶圆缺陷检测技术分支发展路线

　　基于电子的检测是阿斯麦在晶圆缺陷检测技术分支最主要的发展路线，特点是分辨率高，但检测速度慢，因此，其发展的主要方向在于提高检测速度，包括使用多束电子束进行检测、检查期间连续移动工作台；此外，电子束检测还涉及提高检测的准确性和有效性，包括基板绕静电卡盘上的中心轴旋转到所需位置，确保对斜面和顶点上的所有位置进行检查，以及同时收集背散射电子/二次电子信号和释放的电流信号并且比较这两个信号以提供关于晶片结构的补充信息，在不增加扫描晶片时间的同时可以更准确和有效地检测晶片结构。

阿斯麦在散射法检测方面申请量相对于基于电子的检测较少，其改进方向主要涉及检测方法，如从对准的第一图像和计量图像中确定是否包含缺陷，以及用量测光沿着相对于表面的表面法线具有不同入射角的至少两个照射光束路径照射结构化表面的量测区域。此外，散射法检测的改进还涉及光路，如高数值孔径物镜系统的改进。

阿斯麦在算法方面的发展前期主要涉及从图像中精确识别缺陷，随后主要涉及自动进行缺陷分类以提高生产率，包括将表述缺陷的第一多边形与缺陷图案集合的代表性多边形的集合进行比较从而进行分组，以及生成第一固定维特征向量的基于机器学习的图案分组方法；近期主要涉及降低计算成本，包括在图案重复区域中进行多次扫描，通过比较其区域的图像数据来识别缺陷。

图 5 - 3 - 16 示出了阿斯麦晶圆缺陷检测领域产品及重点专利。在晶圆缺陷检测领域，阿斯麦的产品主要为 HMI 系列。

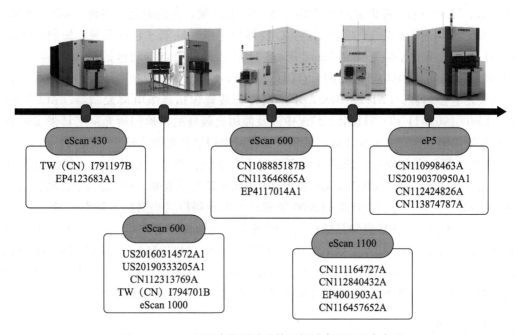

图 5 - 3 - 16　阿斯麦晶圆缺陷检测领域产品及重点专利

eScan 430 用于 3D NAND 和其他先进芯片的工艺开发和生产监控，可以在连续扫描和热区模式下工作，可以检测 10nm 以下的物理缺陷和电气故障，可以每小时扫描高达 1000 平方毫米进行电压对比度检查，使得芯片制造商能够收集更多有关其生产过程和晶圆性能的数据。eScan 430 涉及的重点专利包括 TW（CN）I791197B 和 EP4123683A1。TW（CN）I791197B 中涉及采用连续扫描模式操作载物台，EP4123683A1 中涉及使用带电粒子多束连续扫描样本。

eScan 600 可用于背散射电子（BSE）模式下的物理缺陷检测、电压对比度缺陷检测和材料对比度缺陷检测，可以检测到尺寸只有几纳米的物理缺陷，具有 GDS（平面设计系统）辅助功能，支持在线模具到数据库（D2DB）检查。独特的大视场（120μm x 120μm）能够在不损害灵敏度的情况下提高跳跃扫描模式的吞吐量。eScan 600 涉及的重点专利包括 US20160314572A1、US20190333205A1、CN112313769A 和 TW（CN）I794701B。US20160314572A1 和 CN112313769A 中涉及检测背散射电子，US20190333205A1 中涉及 GDS 模式缺陷分组，TW（CN）I794701B 中涉及晶粒至资料库（D2DB）检测。

eScan 1000 于 2020 年 5 月首次面世，它是首个多电子束（多波束）晶圆检测系统，采用 3×3 阵列的 9 个电子束，相对于单个电子束可以将吞吐量提高 9 倍左右，同时将光束之间的串扰保持在最低限度，可用于物理缺陷检测和电压对比度缺陷检测。eScan 1000 涉及的重点专利包括 CN108885187B、CN113646865A 和 EP4117014A1，均涉及多个电子束检测，以实现高吞吐量和检测更多种类的缺陷。EP4117014A1 中还涉及避免光束之间的串扰。

eScan 1100 是第一个将多电子束（多束）晶圆检测系统用于在线缺陷检测，通过 25 波束，比单一电子波束检测工具提高 15 倍的吞吐量。先进的充电控制（ACC）和高压注水技术提供了全面的充电控制能力，能够检测电气缺陷（包括开放、短期和泄漏缺陷）并将图案化缺陷下降到 7nm。eScan 1100 涉及的重点专利包括 CN111164727A、CN112840432A、EP4001903A1 和 CN116457652A。CN111164727A 中涉及用于晶圆检查的高级充电控制器，CN112840432A 中涉及检查装置包括高级电荷控制器（ACC）模块，EP4001903A11 和 CN116457652A 中涉及使用比较柱的多检测器光束工具来实时分析物理缺陷检查，对来自相应区域的信号进行同步扫描和实时比较。

eP5 是阿斯麦迄今为止最高分辨率的电子束系统，像素大小为 1nm，能够检测到 5nm 以下的缺陷，达到 <0.1nm CD 精度和 0.05nm 量测灵敏度。eP5 提供了自动缺陷分类（ADC），采用一个（12000×12000 像素）大的视场以实现高的扫描吞吐量。此外，eP5 可以同时进行 CD 计量和晶圆检测，以最大限度地提高生产率。eP5 涉及的重点专利包括 CN110998463A、US20190370950A1、CN112424826A 和 CN113874787A。CN110998463A、US20190370950A1 和 CN112424826A 中涉及缺陷检测系统包括自动缺陷分类（ADC）服务器，CN113874787A 中涉及像素大小可以是大约 1nm。

5.3.5 小 结

套刻误差量测是阿斯麦在量检测领域创新活跃度最高的技术分支，申请量占比最高。在专利布局方面，围绕一件基础专利延伸出涉及量测系统、套刻标记和计算方法三条发展线路，目前技术发展围绕检测束的改进、不对称性的调整、套刻标记的设计、模型的改进和参数的优化与校正等方面进行。其产品设备主要为 YieldStar 系列。该系统通过连续波长选择和定制量测光带宽优化了量测波长，降低了计量成本；通过更快的传感器设计减少了量测采集时间，器件内芯片特征或嵌入芯片设计中的小型计量目标实现同时量测多层，提高了量测的吞吐量。

晶圆缺陷检测在 2016 年后转变为阿斯麦在量检测领域的重点分支，申请量占比显著增加。在专利布局方面，基于电子的检测申请最多，围绕提高检测的速度、准确性和有效性进行；散射法检测申请相对较少，改进方向主要涉及检测方法和光路；算法方面主要涉及从图像中精确识别缺陷、自动进行缺陷分类和降低计算成本。其产品 HMI 系列均是电子束晶圆检测。

阿斯麦的发展经验也给予中国相关企业一定的启示，尤其是涉及半导体设备研发和销售的企业。首先，准确判断与把握新技术趋势，在发展企业主流技术和业务有一定地位和积累时，可进一步围绕该主流技术进行相关技术（如量检测技术）的专利布局，在布局初期，挖掘有价值的基础专利，持续不断地研发投入，结合专利转让，"双管"齐下，快速获得相应的专利，为构建专利堡垒奠定基础。

其次，可通过并购或合作的方式与相关技术领先的企业强强联手，共同研发，优势互补，形成一定的抗衡能力。

最后，注重人才队伍的培养，尤其是团队领导人，增强团队间的合作，在提升专业能力的同时，维持研发团队的稳定性，促进研发的可持续性。

第6章 国内重点申请人分析

目前国内半导体量检测设备厂商主要包括中科飞测、睿励科学仪器、上海精测及御微半导体。其中中科飞测于2023年上海证券交易所科创板上市,在国内申请人当中涉及半导体量检测领域的专利申请量最多,其产品线相对较全面,但不涉及掩模板缺陷检测,而御微半导体是国内主要的掩模板缺陷检测设备制造商。为了了解国内申请人在半导体量检测设备研发方面的优势和劣势,本章重点对中科飞测、御微半导体进行详细分析,分析它们的专利布局情况及研发重点,并了解各自研发团队的整体实力。

6.1 中科飞测

6.1.1 专利申请态势

中科飞测成立于2014年,并于2017年发布其第一款无图形晶圆缺陷检测设备。如图6-1-1所示,从专利申请量的变化趋势来看,中科飞测的专利申请也是从2017年开始的,可见,中科飞测在专利布局上是随着它们的产品研发而同步进行的,但是在起初三年,专利申请量总体较少,年均申请量不到50件。2019年之后,专利申请量开始快速增长,并于2021年达到顶峰,当年申请量超过200件。

从专利申请类型来看,中科飞测的专利申请中实用新型专利申请占据较大的份额,2019年之后发明专利申请占当年总申请量的比例均在60%左右。而2022年和2023年因为发明专利申请公开的延后性,实用新型专利申请的占比急剧升高。总体而言,中科飞测的专利申请中实用新型和发明专利各自均占据一半左右。

图6-1-2展示了中科飞测在各技术分支上的专利申请情况。可以看到,中科飞测在晶圆缺陷检测方面的专利申请量是最大的;而在三维形貌、套刻误差、薄膜厚度量测以及关键尺寸量测等方面,专利申请量相对较少,但是这几个技术分支以发明专利申请为主。可见,在一些关键领域,中科飞测还是寻求发明专利予以重点保护,并且晶圆缺陷检测是中科飞测现阶段的研发重点。

在其他技术分支上,尤其是零部件类的专利申请,例如机械类部件、承载部件、光学类部件、标准片的专利申请,均是以实用新型专利申请为主。可以看到,中科飞测在专利申请类型上会着重结合相应技术主题的重要程度来作相应的选择。

在专利布局方面,由于中科飞测目前的市场主要在国内,因此图6-1-3示出的专利布局的地域分布,只有国内申请的专利申请量超过总申请量的96%,而存在海外专利布局的专利申请量不到4%,这也符合中科飞测自身的市场定位。目前,中科飞测生产的半导体量检测设备主要是用于国内半导体产业链的国产替代，还没有进入拓展海外市场的阶段。

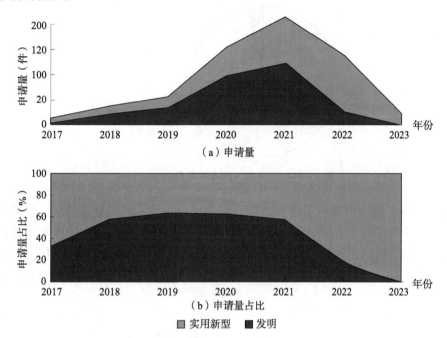

图 6 - 1 - 1　中科飞测专利申请量变化趋势

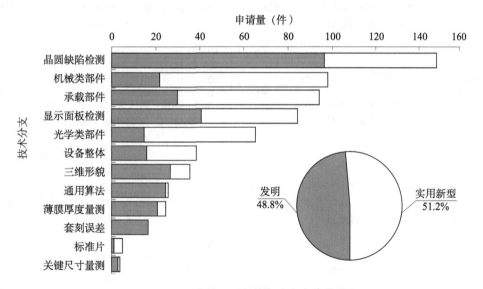

图 6 - 1 - 2　中科飞测各技术分支申请量排名

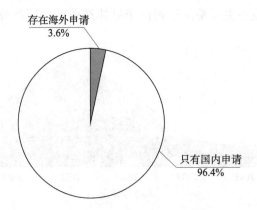

图6-1-3 中科飞测专利布局的地域分布

图6-1-4进一步展示了中科飞测专利布局的技术—时间分布情况。从图中可以看到，在各个技术分支上，中科飞测近三年包括2022—2023年在内的专利申请占据主导。在晶圆缺陷检测、显示面板检测、光学类部件这三个分支上，2021年的专利申请量是最多的。此外，自2019年以来，中科飞测在承载部件这一分支上的专利申请量持续走高。

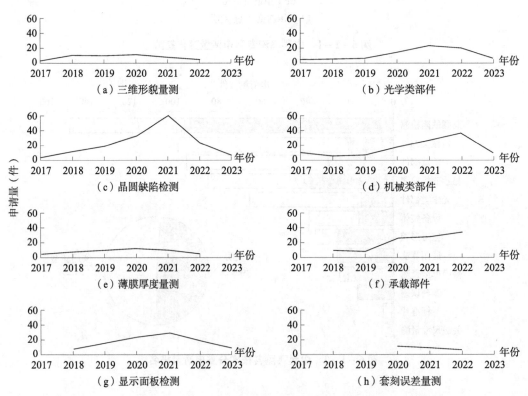

图6-1-4 中科飞测专利布局的技术-时间分布

从历年的专利申请量来看，中科飞测除了在晶圆缺陷检测方面具有较大的专利申请量，在光学类部件、机械类部件、承载部件以及显示面板检测方面也具有相对较多的专利申请。可以看到，中科飞测在半导体量检测设备的零部件方面作了较多的专利布局。此外，显示面板检测也是中科飞测一个重要的业务。

6.1.2　重点发明人及团队

为了进一步了解中科飞测研发团队的整体实力，我们对中科飞测所有专利申请的发明人进行了排序，如图 6 - 1 - 5 所示。可以看到，陈鲁和张嵩的专利申请量遥遥领先于其他发明人的专利申请量，分别达到了 639 件和 453 件专利申请。其他申请人中除了黄有为和张鹏斌，专利申请量均不到 100 件。因此，在中科飞测的研发团队中，只有少数发明人起到研发的核心作用。

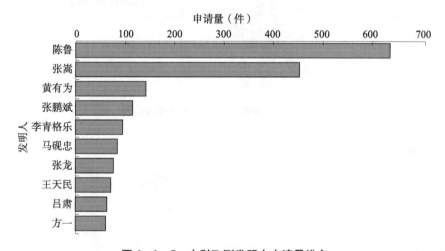

图 6 - 1 - 5　中科飞测发明人申请量排名

图 6 - 1 - 6 进一步展示了中科飞测发明人团队之间的合作关系网络图。可以看到，在整个合作网络中，绝大部分发明人均与陈鲁、张嵩之间具有紧密的合作关系，这进一步验证了陈鲁和张嵩在中科飞测的核心地位。此外，基于合作次数进行发明人聚类可知，在中科飞测整个研发团队中，围绕着张嵩和陈鲁两位核心发明人，又可以划分为五个小的发明人团队：黄有为团队、王天民团队、马砚忠团队、李青格乐团队及张鹏斌团队。

图 6 - 1 - 7 进一步展示了各个发明人团队所涉及的技术分支分布情况。从图中可以看到，这五个发明人团队有共同点，但是又各有研发的侧重点。除了王天民团队，其他四个研发团队在机械类部件、光学类部件及承载部件这三类零部件方面各自均具有最多的专利申请量，而王天民团队在显示面板检测方面具有最多的专利申请。此外，这五个发明人团队在晶圆缺陷检测方面均有所涉猎，其中张鹏斌团队在这一技术分支上的专利申请量是最多的。李青格乐团队除了在显示面板检测方面具有较多的专利申请，在三维形貌量测方面专利申请量比其他团队都多；而在薄膜厚度量测方面，马砚忠团队的专利申请量是最大的。

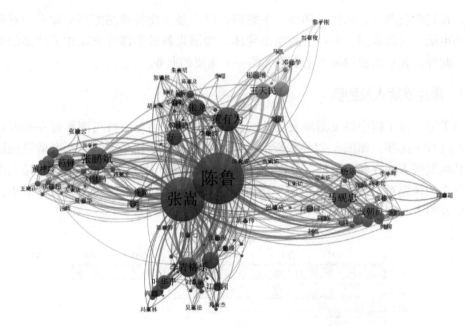

图6-1-6　中科飞测发明人合作网络图

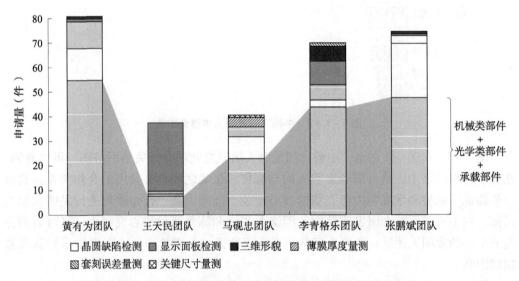

图6-1-7　中科飞测各技术分支在发明人团队中的分布情况

可以看到，王天民团队的研发重点侧重在显示面板检测，张鹏斌团队的研发重点在晶圆缺陷检测，而薄膜厚度量测和三维形貌量测则分别集中在马砚忠团队和李青格乐团队。此外，马砚忠团队还涉及少量的关键尺寸量测方面的研发，李青格乐团队还涉及少量的套刻误差量测方面的研发，但是目前中科飞测在这两个技术分支上的专利申请量总体均较少。

为了进一步了解中科飞测研发团队的整体实力，图6-1-8展示了中科飞测发明人实力比较图。图中横坐标反映发明人层面的专利活动，数值表示为某一发明人的专利申请数量占所有发明人的专利申请数量的比例；纵坐标反映发明人层面的专利品质，该数值为发明授权率、发明率、技术范围、国际范围、引证频率这五个指标的平均值。上述参数的具体定义如表 6-1-1 所示。

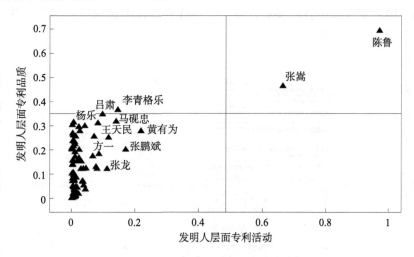

图 6-1-8 中科飞测发明人实力比较

表 6-1-1 发明人实力比较的专利指标

专利指标	计算方法
专利活动	某发明人的专利申请数量/所有发明人的专利申请数量
发明授权率①	某发明人的发明专利授权量/某发明人的发明专利申请量
发明率②	某发明人的发明专利申请量/某发明人的所有专利申请量
技术范围③	某发明人专利申请的 IPC 分类号数量/所有发明人专利申请的 IPC 分类号总数
国际范围④	某发明人的国外申请量/所有发明人的国外申请量
引证频率⑤	某发明人的专利被引证频次/所有发明人的专利被引证频次
专利品质	①—⑤的平均值

根据专利活动和专利品质，将中科飞测的所有发明人划分为四类：右上角是关键发明人，例如陈鲁和张嵩，他们具有较高的发明能力和专利产出量；右下角是多产发明人，他们的专利产出量较大，但是专利品质相对较低，中科飞测没有发明人位于这个象限；左上角是潜力发明人，他们的专利产出量尽管较低，但是整体的专利品质较高，从图中可以看到，李青格乐、吕肃是中科飞测中具有潜力的发明人；而中科飞测的发明人大部分都处于左下角，属于普通发明人，他们的专利产出量在整个发明人团队中处于较低的水平，并且专利品质相对也较低。但是马砚忠、黄有为、杨乐这三位发明人尽管处于普通发明人象限，但是都非常靠近左上角象限，表明具有较大的潜力。

图 6-1-9 进一步展示了中科飞测在表 6-1-1 所列的各个评价指标上的分布情

况。从图中可以看到，中科飞测的所有发明人中，发明率整体偏低，超过一半的发明人只有实用新型专利申请。此外，发明授权率较高的发明人，除了少数发明人例如陈鲁、张嵩等，其他发明人的发明率是较低的，表明他们也是以实用新型申请为主。在技术范围、国际范围以及引证频率方面，除了陈鲁、张嵩这两位发明人，其余发明人相应的评价指标均低于0.4。

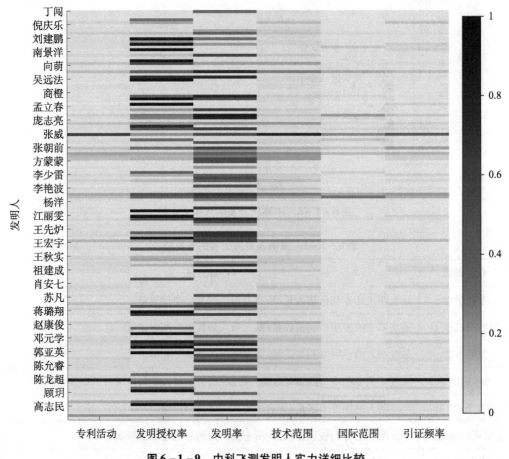

图 6 - 1 - 9　中科飞测发明人实力详细比较

可见，中科飞测的技术研发整体上仍然依赖于陈鲁、张嵩这两位发明人，其他发明人在整体技术研发中的主导性、独立性均不够。除了陈鲁、张嵩这两个关键发明人，中科飞测发明人团队整体研发实力还有待进一步提高。

6.1.3　小　结

中科飞测在半导体量检测设备研发方面起步较晚。在全部专利申请中，实用新型专利和发明专利大约各自占一半。从技术分布上来看，大量的专利申请集中在晶圆缺陷检测方面，这表明了中科飞测目前的研发重点在于晶圆缺陷检测设备。在三维形貌量测、薄膜厚度量测方面的专利申请量较少，而在套刻误差及关键尺寸量测方面的专利申请非常少。此外，中科飞测的专利申请类型针对不同的技术分支也不同，在晶圆缺陷检测等涉及具体量测应用方面主要以发明专利为主，而在机械类部件等零部件方面主要以实用新型专利为主。

在专利布局方面，中科飞测针对其核心技术均作了相应的专利申请，但是专利布局还有所缺陷，在每项核心技术上相应的专利申请只有 2—3 件，布局网络较稀疏。中科飞测在整个技术研发上利用规避设计的方式，通过自身的技术创新，采用不同的技术路线实现了与竞争对手产品相同的技术效果。

在发明人团队方面，中科飞测以陈鲁、张嵩为核心，形成一个大的研发合作团队。围绕陈鲁、张嵩又形成有五个小的研发团队，这五个研发小团队各自具有相应的研发侧重点，比如王天民团队主要侧重在显示面板缺陷检测方面。从发明人实力来看，中科飞测的所有发明人当中，陈鲁、张嵩、李青格乐、吕肃、马砚忠、黄有为、杨乐这七位发明人是相对较为重要的发明人。但是除了陈鲁、张嵩外，其他发明人的专利产出量相对较少，中科飞测的发明人研发团队还需要进一步提高其研发实力。

6.2　御微半导体

6.2.1　专利申请态势

御微半导体在半导体量检测领域专利申请共有 79 件，图 6－2－1 示出了御微半导体量检测专利申请量趋势。可以看出，御微半导体起步较晚，2019 年才开始申请相关专利，随后，申请量逐年呈稳步上升趋势。另外，御微半导体的专利申请全部为发明专利。

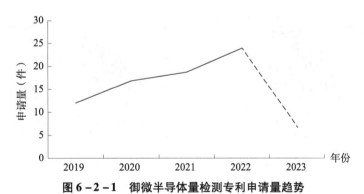

图 6－2－1　御微半导体量检测专利申请量趋势

注：虚线表示专利公开不完全的情况。

图 6－2－2 示出了御微半导体量检测专利申请的技术构成情况。可以看出，御微半导体的专利申请主要集中在晶圆缺陷检测上（73 件），量测方面仅有 6 件涉及套刻误差的专利申请。而通过分析 73 件晶圆缺陷检测的专利发现，其缺陷检测专利大部分并未细分到晶圆缺陷和掩模板缺陷检测。

图 6－2－3 示出了御微半导体缺陷检测专利法律状态。御微半导体起步较晚，

2019 年才开始申请专利，因此半数的专利目前仍处于在审状态，在审状态专利有 40 件；而另一半专利中，授权和驳回的专利分别为 37 件和 2 件，授权比例相对较高，御微半导体公司的专利具有较高的质量。

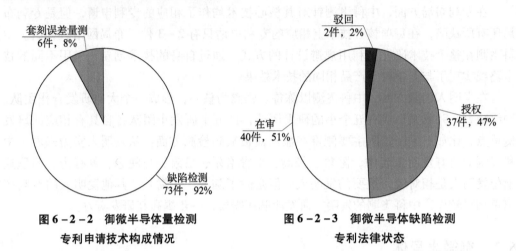

图 6 - 2 - 2　御微半导体量检测
专利申请技术构成情况

图 6 - 2 - 3　御微半导体缺陷检测
专利法律状态

6.2.2　专利布局策略

对 73 件涉及御微半导体缺陷检测的专利进行技术梳理，得到技术分布情况，具体如图 6 - 2 - 4 所示。在 73 件专利申请中，涉及光路的最多，达到 42 件；另外则是涉及设备系统的 17 件和涉及算法的 14 件专利申请。对涉及光路的专利进行进一步细分，在 42 件专利申请中，有 11 件涉及分束，10 件涉及调焦，6 件涉及非平面检测，其他 15 件则涉及其他方面技术。

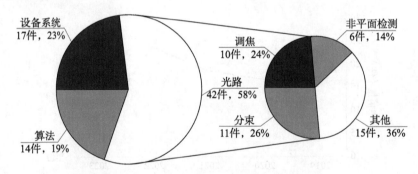

图 6 - 2 - 4　御微半导体缺陷检测技术分支分布

图 6 - 2 - 5 示出了御微半导体专利布局地域分布。从目前的布局来看，御微半导体仍处于国内市场布局阶段，在海外几乎没有进行布局。

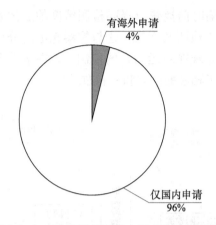

图 6 – 2 – 5　御微半导体专利布局地域分布

　　从前面的分析来看，御微半导体的研发重点在缺陷检测上。图 6 – 2 – 6 示出了御微半导体与缺陷检测的龙头企业雷泰光电在各分支专利布局的对比情况。从图中可以看出，从总体数量上看，相差不大；但从技术层面看，雷泰光电早已进入 EUV 掩模板缺陷检测阶段，检测缺陷在数十纳米量级，而御微半导体的技术则还停留在微米量级。从布局分支来看，双方均将研发重心放在光路上，不同的是雷泰光电还有部分高亮度光源的专利，而御微半导体则是在检测设备系统的改进上具有一定的优势。

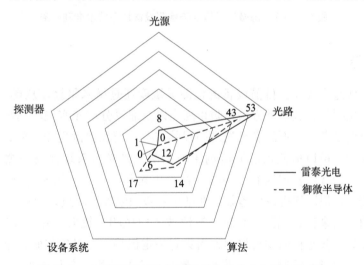

图 6 – 2 – 6　御微半导体与雷泰光电各分支专利布局对比

注：图中数字表示申请量，单位为件。

　　从御微半导体缺陷检测设备产品来看，御微半导体的掩模板缺陷检测设备 i6R，晶圆缺陷检测设备 i12、i8、i6 的技术亮点在于：高分辨率成像系统（微米量级）、多模式检测、高速同步运动控制、后处理算法识别细微缺陷以及气浴模块颗粒清洁。通过对御微半导体各分支的专利进行技术梳理，得到围绕其核心技术亮点的专利布局情况。如图 6 – 2 – 7 所示，在光路方面，御微半导体的研发方向主要集中在利用分束光检测不同类型的缺陷、检测缺陷时防离焦以提高检测精度的成像系统设计上，以及在分束的基础上实现多种照明模式检测及切换，这与雷泰光电的分束主线一致。御微半导体在机械系统分支上的优势体现在对运动台的控制上，在运动台同步检测运动控制、提高运动台控制精度上进行了相应的研究和专利布局。

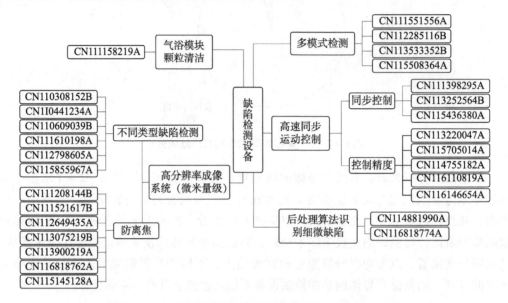

图 6-2-7　御微半导体缺陷检测设备核心技术专利布局

6.2.3　小　结

　　御微半导体起步较晚，目前设备的检测灵敏度还是微米量级。从御微半导体的专利布局来看，主要是通过各种方法来防止离焦以及通过分束光实现不同类型缺陷检测，御微半导体目前设备远远不能满足先进制程的需要，而在检测更小缺陷，例如 EUV 掩模板缺陷检测时，可以借鉴雷泰光电利用施瓦茨聚光光学系统提高检测光的利用率，从而提高分辨率的技术发展路径。另外，在分束光和调焦上，虽然御微半导体已经开展了一定的研究，但同样可以借鉴如何在纳米量级缺陷检测时进行分束和调焦。

　　对于国内企业来说，光路、系统、算法技术门槛相对较低，并且在这些分支上已经有一定的积累，甚至在运动台控制方面具有一定优势，可以先将研究重心放在光路、系统（运动平台设计和控制）上；另外，最新一代的设备和专利均将机器学习作为一个技术重点，在达到或接近光学系统极限分辨率以及国内设备分辨率低的情况下，如何通过后处理算法从较模糊的图像中准确获取缺陷信息就显得尤为重要。结合目前人工智能比较活跃，且国内在这方面也有较好技术储备的情况下，存在将基于机器学习算法有效识别细微缺陷作为突破口的可能性。

第7章 "先进制程"专利特色分析方法

7.1 "双线联动"分析

本书重点研究面向先进制程的半导体量检测技术，其中"量检测技术"是研究对象，"先进制程"则限定了本书的研究边界。课题组确定的研究思路是，全面检索半导体量检测技术相关专利，经查全查准后，通过人工标引的方式确定需要重点分析的"先进制程"相关量检测专利，其中"先进制程"的标准基于国内产业现状梳理、产业调研及专家座谈确定，即逻辑器件的先进制程为28nm及以下工艺、存储器件 NAND flash 的先进制程为 128 层及以上工艺、存储器件 DRAM 的先进制程为 18nm 及以下工艺。

然而，实际研究中发现上述思路存在两方面的问题。

一是以半导体工艺节点作为先进制程的筛选依据难度非常大。因为专利文献一般是以特定的技术问题作为切入点，提出新的技术手段对现有技术予以改进，进而实现相应的技术效果，但半导体工艺节点并非常规意义上的技术问题、技术手段或技术效果，因而很少会在专利文件中得到体现。

二是目前国内产业面临的困境，一部分来源于对先进制程量检测技术研究不深，另一部分则是对于量检测设备的技术积累不足。以科磊的晶圆缺陷检测设备 Surfscan 系列为例，其发展到最新型号产品 SP7XP 已经历经了七代产品，每一代产品的迭代并不意味着所有技术都进行了迭代，在研究最先进的量检测技术之外，也有必要对先进设备中那些不涉及"先进制程"的基础核心技术进行挖掘研究。

基于以上问题，本书主要从以下两个角度开展分析研究。

一是从技术迭代的角度，研究量检测领域的先进制程相关技术。对于"先进制程"这一研究边界，课题组一方面通过人工标引工艺节点及 GAA、FinFet、先进封装等先进工艺进行筛选，另一方面通过文献资料梳理及产业调研、专家座谈进行定位，最终确定 CD-SAXS、DBO、EUV 掩模板缺陷检测，散射法晶圆缺陷检测等四项前沿技术，作为本书的研究重点。

二是从设备迭代的角度，研究量检测领域先进设备的核心技术。课题组并未将目光局限在"先进制程"技术上，在技术分析之外，还将产品作为一条主线加以研究。为此，课题组以当前最先进的量检测设备为基础，梳理其迭代路线，分析历代产品的核心技术，定位先进制程量检测设备的核心专利。

本课题通过技术、产品的"双线联动"分析，形成有效印证和互补，为国内创新主体确定应当重点研发、积极布局的核心技术，立体式地实现"明现状，识堵点，寻突破"的课题目标。

7.2 "内外双维"定位

对于"卡脖子"技术而言，重点专利的筛选与分析是专利分析中一项十分重要的工作，同时也是实际工作中的一个难点，因为影响专利重要性的因素包括技术、市场、法律等多方面。现有方法中通常将被引频次、同族专利布局情况、保护范围的大小、申请人情况、发明人情况等外部因素作为筛选重点专利的主要考虑因素，而因专利信息承载信息的局限性，仅由专利信息筛选出的重点专利很大程度上会存在偏差。

专利披露的技术信息在产品中的应用情况在一定程度上可以体现专利的重要性，而企业在产品发布时宣传的关键技术或技术亮点对应的专利进一步可体现其市场价值。围绕企业宣传产品的技术亮点进行重点专利筛选因考虑专利信息，同时在一定程度上结合市场信息而具有较高的可信度。多重信息融合、比较、佐证相比单一信息具有更高的情报价值。

本书围绕本领域核心产品迭代关键技术进行重点专利筛选与分析，综合考虑非专利文献、援引专利、技术特征和技术效果、技术分支整体分析等内部信息，辅助考量专利施引数、中美欧日韩五局申请情况、专利法律状态等外部信息，通过"内外双维"定位，筛选重点专利并梳理技术演进方向。

图 7 - 2 - 1 为科磊重点专利筛选与分析流程图。首先，依据产品手册、产品发布等信息梳理关键技术，具体地通过检索科磊产品手册、产品发布报道等，以产品手册

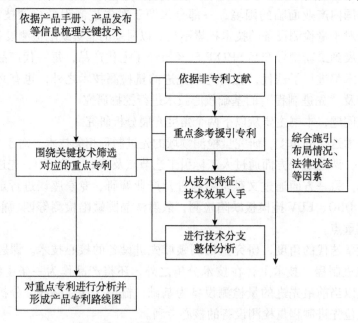

图 7 - 2 - 1　科磊重点专利筛选与分析流程图

中的技术亮点、产品宣传资料中相比上一代产品的优势技术为关键技术,梳理产品系列各代产品升级换代过程中的关键技术;其次,围绕关键技术筛选对应的重点专利,具体手段包括依据非专利文献、重点参考援引专利、从技术特征和技术效果入手、进行技术分支整体分析,使用各手段的同时综合施引、布局情况、法律状态等因素;最后,对重点专利进行分析并形成产品专利路线图。

上述围绕产品迭代关键技术进行企业重点专利筛选与分析的重点技术分析方法具有如下几个方面优点:一是围绕产品关键技术筛选重点专利有助于发现研究重心的转变,为更好地维护企业权益,加强对产品的保护,提高市场竞争力。企业宣传的关键技术其对应的专利为重点专利具有更高的合理性,且通过关键技术及其对应重点专利的技术内容,可以更好地发现由成熟制程向先进制程转变过程研究重心的转变。二是结合论文等非专利文献信息可减少筛选难度,提高筛选精度,非专利文献技术综合性相对高、原理性描述翔实等特点,有助于提供更多信息用于专利筛选,且提供更多的情报信息。三是援引信息比施引信息准确度更高,一项专利可以是其施引专利的 A 文献、Y 文献、X 文献、援引文献,通常该项专利与其援引文献具有更高的技术关联度,一项专利被援引次数越多、被援引持续时间越长,为产品对应的专利可能性越高。四是对技术分支的整体分析可提供全面的情报信息,对于表述宽泛且多次宣传的关键技术,通过整体分析可理清技术发展脉络、展现情报价值。上述几方面的优点在前述具体分析实例中得以体现。

7.3 特色分析成果

课题组通过"双线联动"和"内外双维"分析法,从法律状态、技术方案、产品转化运用等多种角度研究确定先进制程量检测技术核心专利 305 项,充分研究其全球布局情况、技术关联、《巴黎公约》和 PCT 条约运用情况等形成"先进制程量检测技术核心专利清单"以及核心专利风险地图。为了便于国内创新主体从技术分支角度和核心设备角度对相关技术进行查询,课题组将相关核心专利与技术分支、核心产品的对应关系以旭日图的方式进行呈现,参见图 7-3-1、图 7-3-2,其中 168 项专利为在华失效或无法进入中国。对于这部分核心专利,国内企业可以有针对性地参照研发和技术实施。

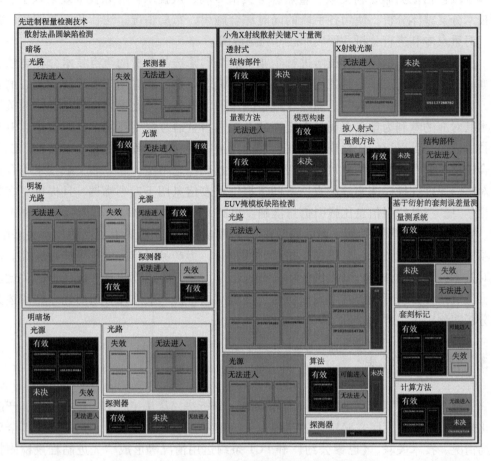

图7-3-1 先进制程量检测技术核心专利风险提示

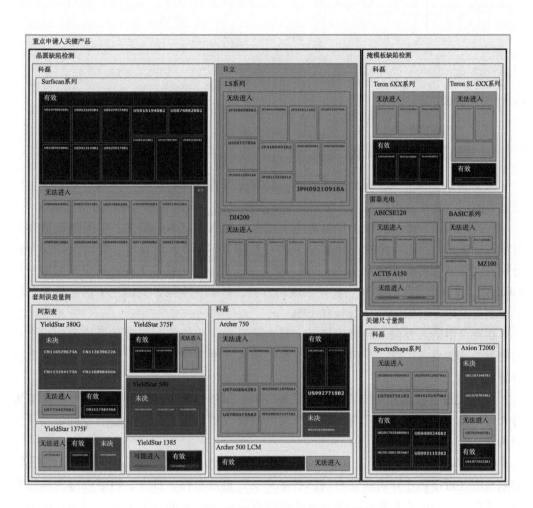

图 7 - 3 - 2 重点申请人关键产品核心专利风险提示

第8章 结论与建议

8.1 主要结论

8.1.1 量检测技术发展现状

（1）传统量检测技术国外重点申请人具有先发技术储备优势，美国、日本是主要技术来源国，近年来中国在传统量检测领域发展迅速，国内申请人专利储备量激增

在技术来源方面，美国、日本是主要技术来源国，日本、美国、中国是最重要的技术目标市场。目前，量检测领域全球共有专利 20518 项，由日本、美国主导的专利分别占到全球专利的 43% 和 20%；2019 年以来，以中国为技术来源地的申请量激增至 4202 项，占全球专利的 20%。在技术流向方面，日本、中国、美国三个国家的专利布局分别占全球专利的 25%、22% 和 19%。

在重点申请人方面，美国的科磊、日本的日立、荷兰的阿斯麦是量检测领域市场占有率最高的设备厂商，专利申请量也相对较大，中国量检测企业中则仅有中科飞测申请量较高。

（2）先进制程量检测技术是未来发展方向，国外重点申请人科磊、日立、阿斯麦等布局积极、优势明显，国内申请人在先进制程领域涉足尚浅，少量的专利也局限于国内

CD-SAXS 关键尺寸量测、DBO 套刻误差量测、EUV 掩模板缺陷检测、散射法晶圆缺陷检测是近年来才开始陆续布局的技术分支，也是科磊、日立、阿斯麦等龙头量检测厂商重点布局的技术分支，代表了先进制程量检测技术的发展方向，是当前国内产业亟待攻克的难关。

先进制程量检测技术主要由国外申请人主导。先进制程量检测技术共有全球专利 2641 项，其中，国外申请人申请 2298 项，占比 87%；中国申请人申请 343 项，占比 13%。在华申请共 1105 件，其中国外申请人申请 772 件，占比 70%；中国申请人申请占比 30%，主要集中在散射法晶圆缺陷检测中的光路。

在 CD-SAXS 领域重点申请人中，科磊一枝独秀，在该领域有 49 项专利布局，其中在中国同步布局 39 件；中国申请人仅 7 项专利布局，其中华中科技大学 3 件，均未在国外进行布局。

DBO 领域重点申请人科磊、阿斯麦申请量分别为 75 项、63 项，在华布局分别为 53 件、46 件；中国申请人上海微电子装备在该领域布局了 22 项专利，其中仅 2 项在国

外布局。

EUV 掩模板缺陷检测领域重点申请人雷泰光电、科磊在该领域分别布局 39 项、35 项专利。雷泰光电相关技术均未在中国申请专利，科磊有 14 项专利在中国进行了布局，对于相关技术、产品，中国申请人可选择性参考、借鉴；中国申请人仅台积电排名靠前，有 10 项专利，且均在美国进行了布局。

散射法晶圆缺陷检测领域重点申请人日立、科磊在该领域分别有 393 项、323 项专利布局，但二者对中国市场的态度差异较大，日立在中国布局 9 件专利，科磊在中国布局 157 件专利；国内申请人中以中科飞测的专利申请量最大，为 97 项，但其仅有 12 项进行了国外布局。

整体而言，先进制程量检测技术基本由国外申请人科磊、日立、阿斯麦、雷泰光电主导，科磊、阿斯麦等美欧企业对中国市场的关注度较高，而日立、雷泰光电等日本企业对中国的专利布局较少；中国申请人在该领域的研究和专利布局还不够深入、系统，整体专利储备较少，且对于国外市场的布局意识较低。

（3）先进制程量检测设备，国外重点申请人产品线丰富、种类齐备、市场占比高，国内申请人产品线单一，仍存较大差距

科磊的产品覆盖了 CD-SAXS 关键尺寸量测、DBO 套刻误差量测、EUV 掩模板缺陷检测、散射法晶圆缺陷检测等各个应用场景。其中 CD-SAXS 设备 Axion®T2000 工艺制程达 10nm；支持 DBO 检测的 Archer 500-Archer 750 系列覆盖 2Xnm—5nm 工艺制程；EUV 掩模板缺陷检测设备 Teron™611-Teron™SL670eXP 系列覆盖了 2Xnm—3nm 工艺制程；散射法晶圆缺陷检索设备 Surfscan 系列 SP5 – SP7XP 覆盖了 2Xnm—5nm 工艺制程。

日立、阿斯麦也涉及多个系列先进制程量检测设备。日立的散射法晶圆缺陷检测设备 IS、LS 系列，阿斯麦的 DBO 设备 YieldStar 系列、晶圆缺陷检测设备 HMI 系列，也均能够满足 10nm 工艺制程的需求。

在国内申请人中，仅中科飞测最新的散射法晶圆缺陷检测设备 SPRUCE-800 工艺制程达到 28nm，其他国内申请人暂无相关先进制程量检测产品。

8.1.2 先进制程量检测技术堵点

（1）在华专利布局，除 EUV 掩模板缺陷检测技术分支外，国外申请人在其他重要技术分支专利布局比较完备，中国申请人仅涉及 DBO 宽光谱技术领域

CD-SAXS 核心技术 X 射线光源、结构部件、量测方法及模型构建的研发和布局均存在知识产权壁垒。目前该领域的核心技术均由科磊主导，且针对相关技术在中国均进行了有效的专利布局，国内申请人在该领域的零星布局并不涉及核心技术。

DBO 核心技术 X 光光源研发和布局均存在知识产权壁垒。目前 DBO 技术主要有三类光源：①宽光谱光源，②复合光源，③X 光光源，其中，为满足先进制程的需求，应对越来越小的关键尺寸、越来越复杂的结构特征，X 光光源是主流技术方向。中国申请人在宽光谱光源、复合光源方面有一定的技术储备，但用于 DBO 的 X 光光源技术目前仍由科磊主导，且针对该技术在中国进行了有效的专利布局。

EUV 掩模板缺陷检测的困难主要在于技术实施。雷泰光电在 EUV 掩模板缺陷检测的光源、光路、探测器等核心技术均有相关技术储备，但并未在中国进行专利布局，并且已经超出了可进入中国的时效。国内企业可以参考实施，或依据雷泰光电的 EUV 掩模板检测设备开展反向工程。

散射法晶圆缺陷检测核心技术光源、光路、探测器存在研发和布局上的知识产权壁垒。该领域技术路线由科磊、日立等主导，国内产业研发、布局风险更多来自科磊，因其在中国对相关核心技术均进行了有效的专利布局。

（2）国外重点申请人对核心技术的专利布局注重辐射式拓展，中国申请人在实施相关技术或延伸技术时会存在一定风险

以科磊为代表的国外重点申请人的专利布局策略主要包括围绕技术问题提出不同技术手段演进式布局、横向扩展与纵向延伸相结合进行专利布局、围绕基础专利进行多方面改进式布局等方式。

在技术手段演进式布局方面，以激光维持等离子体光源为例，等离子体核心中被加热的气体作为热气羽流离开等离子体区域，气体湍流和不稳定流动容易引起光源不稳定，科磊围绕提高激光维持等离子体光源气流稳定性不断演进布局了 6 项专利。

在横向扩展与纵向延伸相结合方面，以探测器器件结构为例，科磊研究发现增加硼层可用于改善 DUV 光吸收。基于此进行横向扩展，将硼层应用于背照式 CCD 器件、EBCCD 器件、PMT 器件；进行纵向延伸，在将硼层应用于 CCD 的基础上，进一步在硼层上增加抗反射层，在邻近硼层设置硼掺杂层，邻近硼层设置浓度梯度的第二外延层，邻近硼层设置浓度梯度的掺杂层，不断优化器件性能。

在围绕基础专利进行多方面改进式布局方面，以套刻标记相关专利布局为例，科磊申请了 AIM 标记基础专利，并以此为基础通过增加或修改不同特性申请了多件专利，包括增加环形标记、附加套刻标记、设置标记整体为条形状、设置标记为多层、将标记设置为非对称结构、将标记设置为包括倾斜周期结构等。

整体而言，国外重点申请人围绕核心技术的专利布局比较充分，中国申请人在实施相关技术时，会存在一定的研发布局和技术实施风险。

8.1.3 先进制程量检测技术突破路径

（1）各重要技术分支专利布局均存在可研究探索的空白点，具有针对性开展研发和布局的可行性

CD-SAXS 技术路线由科磊主导，布局空白点主要在于模型构建技术路径及灵敏度、便捷性等技术功效的实现。科磊的布局涵盖了光源、模型建构、量测方法和结构部件，针对各种技术效果均进行了相应的改进；在相应的效果上，以提高精准度、提高吞吐量、提高可靠性为主。

DBO 技术路线由科磊、阿斯麦主导，布局空白点主要在于量测稳定性、小型化等技术功效的实现。重点申请人科磊、阿斯麦的布局比较全面，重点涉及光源、创建模型、提高精度、提高吞吐量等技术功效。

EUV 掩模板缺陷检测技术路线由雷泰光电主导，布局空白点主要在于光源、基于电子量测等技术路径。雷泰光电垄断了该领域的设备，其专利布局侧重于光路、后处理算法。另外，相关专利主要布局于日本、美国，均未在华布局。

散射法晶圆缺陷检测的技术路线由科磊、日立等主导，布局空白点主要在于光源、探测器的技术路径及小型化功效的实现。科磊更注重中国市场，日立在华布局则相对较少；在专利布局中，对于光路的改进是重点，相应的技术功效涵盖了提高吞吐量、提高灵敏度、提高量测精度、提高可靠性。

（2）各重要技术分支、重点申请人的核心专利，并未都在中国进行有效布局，可以选择性参照实施

先进制程量检测技术共涉及核心专利 305 项，其中有 168 项为在华失效或无法进入中国。对于这部分核心专利，国内企业可以有针对性地开展参照研发和技术实施。

（3）CD-SAXS 的核心技术 X 光光源存在固有缺陷，有针对性改进的可能性

国内产业可以着力解决主流技术中的固有缺陷，从而实现技术突破。以 CD-SAXS 核心技术光源为例，目前面临的挑战在于小型紧凑型高亮度 X 射线光源的研发。对于小型紧凑型高亮度 X 射线光源，目前主要有两个主流方向：基于液态金属的 X 射线光源、激光产生等离子体（LPP）X 射线光源。上述主流方向存在以下三个缺陷：一是液态金属阳极材料会蒸发形成金属蒸气，从而可能会缩短 X 射线光源的寿命；二是增加阳极功率负载会使 X 射线光源不稳定；三是液态金属阳极材料选择受限，液态金属射流 X 射线光源的可用能量范围受到严重限制。以上技术问题均为 CD-SAXS 光源技术的突破点。

国内产业可以基于现有技术的专利导航寻求突破路径。在现有技术中，基于逆康普顿散射的 X 射线光源也是 CD-SAXS 中 X 光光源的一种替代手段，科磊在此方面没有作相应的专利布局，因此基于逆康普顿散射的 X 射线光源是可行的光源替代方案之一。

国内产业可以立足理论实际大胆创新，以探寻突破路径。例如，为了替代 CD-SAXS，也可以研究小角度电子散射在关键尺寸量测方面应用的可能性，这可能是替代 CD – SAXS 技术的一条路线。

8.2 主要建议

8.2.1 创新主体

课题组通过对先进制程量检测技术的产业现状和专利现状进行研究，发现国外重点申请人产品线丰富、种类齐备、市场占比高，专利布局积极、优势明显，且国内申请人在先进制程领域少量的专利也局限于国内。

鉴于当前国内创新主体在技术研发和专利布局上均存在壁垒的现状，我们应当重视先进制程量检测领域的技术研发深度和关键技术专利布局，为核心技术自主可控打好基础。具体可以从以下几个方面寻求突破。

（1）关注技术动态，针对开展研发布局

各先进制程量检测技术核心专利被国外企业掌握，但并未都在中国进行有效布局。课题组研究确定涉及 CD-SAXS 关键尺寸量测、DBO 套刻误差量测、EUV 掩模板缺陷检测、散射法晶圆缺陷检测的核心专利共计 225 项，涉及光源、光路、探测器、计算方法、模型构建等核心技术，据此形成先进制程量检测技术核心专利风险提示（参见图 7-3-1），其中 168 项为在华失效或无法进入中国。对于这部分核心专利，国内企业可以有针对性地开展参照研发或技术实施。

各先进制程量检测技术由国外企业主导，但专利布局均存在可研究探索的空白点或薄弱点。CD-SAXS 技术布局空白点主要在于模型构建的技术路径及灵敏度、便捷性等技术功效的实现，EUV 掩模板缺陷检测技术布局空白点主要在于光源、基于电子量测等技术路径，散射法晶圆缺陷检测技术布局空白点主要在于光源、探测器的技术路径及小型化功效的实现，DBO 技术布局薄弱点主要在于量测稳定性、小型化等技术功效的实现。上述技术空白点和薄弱点都是先进制程量检测技术关键技术分支中可聚焦发力和寻求突破的技术点，国内创新主体可进行有针对性的研究和布局。

各先进制程量检测技术的主流路线由国外企业主导，但相关主流路线也存在一定缺陷。以 CD-SAXS 核心技术光源为例，目前的主流方向为基于液态金属的 X 射线光源，该技术存在因阳极材料蒸发导致光源寿命缩短、因增加阳极功率负载导致光源不稳定、因阳极材料选择受限导致可用能量范围受到限制等固有缺陷。国内创新主体可以着力解决上述主流技术中的固有缺陷，从而实现技术突破。

国内创新主体在先进制程量检测技术的研发和布局上存在壁垒，但在次先进制程的量检测技术上有一定技术积累，可在深入挖掘的基础上加强专利布局。例如中科飞测的核心技术"深紫外激光扫描照明的晶圆缺陷检测技术"，但目前仅有 2 项专利申请，且均为国内申请；此外，上海微电子装备在 DBO 中的核心技术"宽光谱光源""复合光源"等亦未在海外进行相关布局。上述技术均具备一定的市场潜力，为降低知识产权风险，提升知识产权竞争力，相关企业有必要对其核心技术进行挖掘，开展体系化的知识产权布局。

（2）关注产品动态，明确产品迭代路径

先进制程量检测设备均被国外企业垄断，但与设备对应的相关核心专利并未都在中国进行有效布局。课题组分析了科磊的 CD-SAXS 设备 Axion T2000、DBO 设备 Archer 系列、EUV 掩模板缺陷检测设备 Teron 系列、散射法晶圆缺陷检索设备 Surfscan 系列，日立的散射法晶圆缺陷检测设备 IS、LS 系列，阿斯麦的 DBO 设备 YieldStar 系列、散射法晶圆缺陷检测设备 HMI 系列，雷泰光电的 EUV 掩模板缺陷检测设备 BASIC Series、ABICSE120、ACTIS A150、MZ100、MATRICS X-ULTRA 等系列，确定核心专利 101 项，据此形成"重点申请人关键产品核心专利风险提示"（参见图 7-3-2）。对于这部分核心专利，国内创新主体可在研发过程中借鉴参考，其中有 58 项为在华失效或无法进入中国。

具备复合功能的量检测设备是未来发展的可行性路径之一。从技术原理来看，量检测技术主要包括光学、电子束和 X 光三大类，三类技术各自都有其优缺点：如光学量检测速度优于电子束；但精度劣于电子束；X 光穿透性强，具备穿透量检测的能力，但速度相对于光学也更慢。在实际研发中，可以吸纳不同量检测技术的优势，研发复合型的量检测设备，例如将光学量检测设备和电子束量检测设备进行集成整合，同步实现光学量检测和电子束量检测，在保证吞吐量的同时，可以对量检测结果进行印证。此外，针对电子束量测速度慢的问题，也可以发展多检测源、多线程的电子束量检测设备，以保证工业化吞吐量需求。

在应用实践中，技术功效具备一定的优先级顺序，创新主体在研发过程中可以适当"牺牲"部分非必要功效。课题组在进行文献人工标引时，发现"小型化"是量检测领域在技术功效方面面临的一大挑战，这主要是基于商业化的考量，因为小型化的设备意味着交易运输上的便捷。国内创新主体在开展研发时，可以对各技术功效进行优先级上的排序，先实现从无到有，再实现从有到精。以 EUV 掩模板缺陷检测中的 EUV 光源为例，清华大学工程物理系教授唐传祥提出的 SSMB-EUV 光源方案就逆小型化而为之，为 13.5nm 的极紫外光源提供了一种可行性方案。

（3）立足企业远景，规划技术产品路线

中科飞测、睿励科学仪器、上海精测、御微半导体是规模较大的量检测设备厂商，其部分产品已进入一线产线验证，但在先进制程量检测技术中的技术储备普遍不足，应根据其企业定位积极拓展相关先进制程量检测技术的研发布局。

中科飞测的主营业务包括晶圆缺陷检测设备，其最新产品 S‑800 的工艺制程达到 28nm，与科磊 2011 年推出的 Surfscan SP3 相当。中科飞测后续的研发路径可以参考、借鉴科磊的产品迭代路径，后续的技术、产品迭代重心应以光源、探测器、机器学习、计算机算法等为主（具体可参见本书表 5‑1‑1）。

御微半导体的主营业务包括晶圆缺陷检测设备和掩模板缺陷检测设备，但目前并未推出涉及先进制程的相关设备。对于晶圆缺陷检测设备，散射法晶圆缺陷检测是当前最先进的技术路线，其核心技术在于光源、光路和探测器，具体的研发路径可以借鉴科磊的 Surfscan 系列、日立的散射法晶圆缺陷检测设备 IS/LS 系列、阿斯麦的 HMI 系列。具体核心技术的研发和实施，可以对照"先进制程量检测技术核心专利风险提示""重点申请人关键产品核心专利风险提示"（图 7‑3‑1、图 7‑3‑2）开展。对于掩模板缺陷检测，EUV 掩模板缺陷检测是目前最先进的技术路线，其核心技术在于光源、光路、探测器，绝大部分核心专利无法进入国内；此外，由科磊主导的 DUV 掩模板缺陷检测技术也有近半数核心专利无法进入中国，御微半导体可在研发路径的选择和实际研发过程中适当参考借鉴。

睿励科学仪器的主营业务包括晶圆缺陷检测设备和光学关键尺寸量测设备，但目前并未推出涉及先进制程的相关设备。对于晶圆缺陷检测设备，与御微半导体类似，睿励科学仪器可参考借鉴本报告梳理的相关国外申请人的产品路线及相关核心技术风险提示清单。对于光学关键尺寸量测设备，CD-SAXS 技术是当前最先进的技术路线，核心技术包括 X 射线光源、结构部件、量测方法及模型构建，具体的技术产品路线可以参考借鉴科磊的 Axion T2000 系列及相关专利风险提示清单，但如前文所述，一是当前的 CD-SAXS 技术布局还存在空白点，二是科磊的光源核心技术仍存固有缺陷，睿励科学仪器可在参考借鉴的同时，开展相关突破研究，以规避国外申请人的专利布局，进而实现技术上的超越。

上海精测的主营业务包括光学关键尺寸量测设备，但目前并未推出涉及先进制程的相关设备。具体的技术产品路线和研发重心可参考借鉴科磊的 Axion T2000 系列及相关专利风险提示清单。

国内企业的海外知识产权保护意愿不强，整体专利布局意识有很大提升空间。比较国内外重点申请人的专利布局策略，可以发现国外申请人瞄准了全球市场，专利布局遍及热点国家和地区，而中国申请人则相对着眼于国内市场。当今世界，国际竞争已趋于白热化，我们的企业在填补国内市场空白、摆脱国外技术桎梏的道路上，还应当拥抱广阔的国际市场，对于具有核心竞争力的技术，及时在热点国家和地区进行专利布局，从而提升自身的国际竞争力。此外，在专利申请中，应提升体系化布局的意识，加强围绕技术问题提出不同技术手段的演进式布局、横向扩展与纵向延伸相结合的网状式布局、围绕基础专利进行多方面完善的改进式布局等形式拓展。

8.2.2　产业战略

为应对当前量检测领域技术壁垒、行业垄断和国外政策打压等严峻形势，除引导、助力国内创新主体加强研发，打破技术壁垒外，还应在产业层面开展战略规划，助力国内量检测产业实现由"中国制造"到"中国创造"的升级。具体而言，可以从以下几个方面积极作为。

（1）深化谋篇布局，认清现状攻坚克难

我国的半导体产业受西方国家制约已久，且近年来以美国为首的西方国家对华限制日趋严厉。因此，国内产业在充分参考借鉴国外重点申请人的技术路线、研发规律、市场策略的同时，也应当应认清当前形势，充分预判风险，主动作为，攻坚克难，积极发展自主可控的核心技术。

知识产权竞争是目前科技领域国际竞争的主要形式。为提升国际竞争力，国内量检测产业应当发挥知识产权制度供给和技术供给的双重作用，有效利用专利的权益纽带和信息链接功能。国务院办公厅印发《专利转化运用专项行动方案（2023—2025年）》，对我国大力推动专利产业化、加快创新成果向现实生产力转化作出专项部署，期望通过盘活存量专利、推进重点产业知识产权强链增效、培育专利密集型产品等举措，将专利制度优势转化为创新发展的强大动能，助力实现高水平科技自立自强。

（2）强化导航预警，大胆尝试技术创新

量检测技术是市场驱动型技术，应充分发挥国内的量检测市场巨大的战略优势。2022 年中国量检测设备市场规模约为 32 亿美元，已经占到全球量检测设备市场份额的 29.6%，在新型举国体制优势和超大规模市场优势下，我们的量检测厂商应当对技术突破抱有信心和决心，加大研发投入，尝试技术创新。对于技术研发，我们应当针对性地开展专利预警、专利挖掘和布局等系统工作，一方面为研发创新提示风险，另一方面瞄准技术功效空白点，形成从易到难、由整体设备到核心部件的交叉包绕式布局；对于技术创新，我们可以充分发挥产业集群优势，对量检测设备进行结构分解和系统集成，对核心部件如光源、光路、探测器等针对性地开展专利导航，为技术突破提供可行性路径和替代路径。

（3）打通转化路径，激发运用内生动力

量检测产业应该鼓励实施以用为主的知识产权战略，积极推动知识产权商用化，强化政策导向作用，积极研发高新技术，挖掘高价值专利，并通过实施、许可、转让、入股等多种方式运用知识产权，获取相应的利益，进而促进知识产权创造和保护意识，形成良性生态。

半导体量检测产业的研发策略多为市场驱动型，只有市场上有足够的需求，量检测设备厂商才能有动力投入研发。我国作为全球最主要的半导体消费市场，已经建立了完备的半导体上下游产业链，形成了长三角、京津冀、珠三角和中西部等多个半导体产业集聚区，市场潜力无比巨大。因此，在国外持续政策打压的背景下，我们正好可以此为契机，有效利用新型举国体制优势和超大规模市场优势，统筹国内上下游相关配套产业，以国内的市场需求带动量检测技术的更新迭代，发挥出产业集群优势。

（4）补强科研短板，推动产学研一体化

在国内量检测领域的创新主体中，高校和科研院所参与热情有较大提升空间。国内申请人在量检测领域的申请量自 2019 年开始出现显著增长，但创新主体多为量检测设备厂商或芯片制造商，且专利类型中实用新型占比较大，专利布局中以非核心的结构部件、配套算法等为主，创新主体基本不涉及高校或科研院所。高校及科研院所的缺失，不可避免地会导致科研攻坚能力以及持续性创新能力的不足。我们可以基于区域性的产业优势，进一步拓展企业与各高校、科研院所间的耦合效应，例如可以建立产学研合作信息平台，及时提供企业技术研发需求和高校科研机构信息，促进产业内企业与科研机构的信息对接，为科技创新提供持续性的基础性、理论性支撑。同时，这也有利于提升技术成果向应用端转化的效率。

国内量检测产业整体仍显羸弱，可尝试打造国内量检测技术产业联盟。面对量检测行业的技术壁垒，单一的创新主体难以对抗国外企业的垄断，我们可以在产学研一体化的基础上积极推进产业联盟，推进相关产业知识产权强链增效，提升国内量检测产业在全球量检测产业链中的地位和话语权。

优化人才战略，提升人才吸引力，让专业的人做专业的事。科磊等企业核心发明人的活跃周期动辄达到十几二十年，这也说明了专业人才的重要性。我们应当以更加开放、积极的态度，引进人才、拥抱人才，为专业人才提供合适的创新土壤。

（5）寻求政策扶持，孵化科技创新企业

习近平总书记在中央政治局第二十五次集体学习时强调，要维护知识产权领域国家安全，要加强事关国家安全的关键核心技术的自主研发和保护。这体现出国家战略层面从"制造"到"创造"的重心调整。在信息化技术高度发展的今天，半导体技术对于国家安全的影响是不言而喻的，尤其在中兴事件、华为事件之后，半导体技术发展显然已经上升到了国家战略层面。在此背景下，一方面，我们可以以自身巨大的市场需求及完备的产业链为依托，以质量为导向，鼓励龙头企业继续加强研发投入，积极布局专利，打造属于自己的专利"护城河"；另一方面，可以从产业发展需求出发，积极寻求政策支持，为专精特新的科技创新型企业提供成长环境。